U0246209

教育不是注满一桶水，而是点燃一把火。

——威廉·叶芝（1923年诺贝尔文学奖得主）

给孩子读好书是世界未来唯一的希望。

——艾萨克·辛格（1978年诺贝尔文学奖得主）

新科学读本

珍藏版

如何在太空安家

为中国社会铸造理性根基

丛书主编　**刘　兵**

本册主编　**刘　兵　朱正琳**

北京大学出版社
PEKING UNIVERSITY PRESS

图书在版编目(CIP)数据

如何在太空安家/刘兵主编. —北京：北京大学出版社,2012.5
(新科学读本珍藏版)
ISBN 978-7-301-20483-2

Ⅰ.①如…　Ⅱ.①刘…　Ⅲ.①星际站－青年读物②星际站－少年读物
Ⅳ.①V476.1－49

中国版本图书馆 CIP 数据核字(2012)第 066961 号

书　　　名：如何在太空安家
著作责任者：刘　兵　主编
丛 书 策 划：周雁翎
责 任 编 辑：陈　静
标 准 书 号：ISBN 978-7-301-20483-2/G·3400
出 版 发 行：北京大学出版社
地　　　址：北京市海淀区成府路 205 号　100871
网　　　址：http://www.pup.cn　电子信箱：zyl@pup.pku.edu.cn
电　　　话：邮购部 62752015　发行部 62750672　编辑部 62767346
　　　　　　出版部 62754962
印　刷　者：北京宏伟双华印刷有限公司
经　销　者：新华书店
　　　　　　787 毫米×1092 毫米　16 开本　11.25 印张　200 千字
　　　　　　2012 年 5 月第 1 版　2015 年 8 月第 3 次印刷
定　　　价：25.00 元

总　序
ZONGXU

如何在太空安家

教育问题是一个为全民所关心的问题。家长关心孩子的成长，孩子作为受教育者自然对当下教育存在的问题有着更深切的直接感受。教育的问题又是多方面的、极为复杂的问题，很难通过一两项具体的措施得以解决。但当我们面对现实时，又无法一时同步地解决所有相关的问题，因而一些具体改革性工作在某种程度上还是必要的。这套面向青少年的《新科学读本》，就可以说是这样的努力之一。

一个重要的背景，是人们对于"两种文化"之分裂的关注。

如果不谈更为久远的历史，至少自 20 世纪中叶以来，在国际背景中，教育（包括科学教育和人文教育在内）改革发展的一个重要的方向，就是努力缩小长期以来被人为地割裂开来的在科学文化与人文文化之间的鸿沟。这样的努力一直延续至今，在近年来国际上许多重要的教育改革文献中，我们都可以非常清楚地看到这种努力的具体体现。

在中国，近年来随着基础教育改革的深入，新课程标准的制订也在相当程度上体现出了类似的倾向，这种倾向特别体现在对于科学探究、科学的本质、科学技术与社会的关系等方面的强调，而且明确提出了科学教育对于培养学生的情感、态度、价值观方面的作用。

在如今这样一个科学和技术已经深深地影响了人类社会生活和思想文化的时代，作为一个理想的公民，具备适当的科学素养已是重要的前提条件之一。这里讲公民，讲科学素养，一层含义是说我们进行科学教育的目的并不只是为了培养科学家，特别是在基础教育阶段，科学教育应是一种面向全体学生的教育，从绝对数量来说，所培养的对象在其未来的发展中更大的可能是从事科学研究之外的工作。一个可以参照的标准是，《美国国家科学教育标准》将学校科学教育的目标规定为 4 项，即培养学生能够：1. 由于对自然界有所了解和认识而产生充实感和兴奋

1

感；2. 在进行个人决策之时恰当地运用科学的方法和原理；3. 理智地参与那些围绕与科学技术有关的各种问题举行的公众对话和辩论；4. 在工作中运用一个具有良好科学素养的人所应有的知识、认识和各种技能，因而能提高自己的经济生产效率。美国人认为他们设定的这些目标勾画出来的是具有高度科学素养的社会的一个大致轮廓。美国人的目标有他们的特色，但其中不乏值得我们借鉴和参考之处。

虽然中国的教育改革呼声甚高，也有了像新课标制订和新课标教材的编写使用这样一些具体的措施，包括在这些措施背后所蕴含的诸如沟通两种文化等观念的普及，但在现行的体制下，现实地讲，仅仅依靠学校教育中体制化的科学类课程教育，还是很难达到前面提到的那些目标的。因为我们虽然现在强调素质教育，但毕竟不可能在很短的时间内彻底摆脱应试教育的传统，也由于许多其他条件和因素的限制，在学校体制化的、正规教育的有限课时内，也难以容纳过多的但对于理解科学、认识科学却是十分重要的内容。

与此同时，在与学校的正规教育相对应的、传统中被称为"科普"的领域，长期以来主要的工作大多属于非正规教育的范畴。在这个领域中，从思想内容、传播理念，到具体形式和内容，近些年来也有了相当迅速的发展。其中，国内科普的发展也受到了像国外的"公众理解科学"等领域的工作的影响，受到了来自像科学哲学、科学史、科学社会学等对科学的影响。这些发展，与正规基础科学教育中的趋势是大致相同的，但又比传统的正规教育更加灵活，能够更及时地汲取来自科学人文研究前沿的一些新成果、新观念。

如果能够把更靠近传统的、正规的基础科学教育的长处，与以非学校正规教育为主的科普（或称"公众理解科学"、"科学文化传播"或干脆简称"科学传播")教育的优势相结合，显然对于学生科学素养的培养与提高是大有益处的。这也正是我们编辑这套《新科学读本》的意义之所在。

说到"新科学"的概念，其实早就有人用过。其中最有名者，莫过于哲学家维柯的经典名著《新科学》，但维柯是在将历史、语言学、哲学都包括在内的非常广义的意义上使用"科学"的概念的。我们还可以注意到，20世纪上半叶，美国著名科学史家、当代科学史学科的奠基者萨顿，曾大力地倡导一种将科学与人文结合起来的人文主义，或者用他的说法，即科学的人文主义，他也将之称为"新人文主义"。类似地，在我们这里，我们使用"新科学"来命名这套读本，也是努力将长期以来处于严重分裂状态中的科学与人文相结合，力图在介绍传统的具体科学知识的同时，将更多的与科学知识相关的人文背景、社会环境、思想文化等"外部"因素结合进来，以一种人文立场来观察和了解科学。这与前面所讲的国际潮流和国内教育改革趋势也是一致的。

近些年来，国内出版了许多有关上述内容的书籍和刊物，其中不乏精品，但由于这些精品散见在大量不同类型的书籍和报刊中，不利于普通读者在有限的时间内最有效率地阅读，而且考虑到面向在校学生（当然此套书的读者对象绝非仅限于在校学生，它的潜在读者范围应该大得多），我们从大量的书籍报刊中，选出了这套读本的内容。

在《聆听大自然的呼吸》《生命的颜色》《地球还会转多久》《科学家不能做什么》这几卷中，除了有关科学知识、科学的方法、科学家的责任、科学与非科学方面的内容外，也经常从一种相对广义的层面来理解科学，甚至包含了一部分民俗、风物、游记、科学文艺等内容。在这几卷中，博物学是一个非常突出的主题，这既是对于长期以来正在逐

渐丧失中的与数理实验传统不同的博物传统的一种恢复和强调，也更适合孩子们拓展眼界、关注自然的需要。

在《世上没有傻问题》《智慧的种子》《绝妙的错误》《科学是美丽的》这几卷中，编者强调的是，选择那些有利于让学生理解知识的创造过程，强调充满好奇心的思维，传达科学家们是如何在从事科学研究中动态地思考的文章，以避免学生在学习中产生把书本上静态的知识当做唯一的科学知识的误区，让学生能够理解何为"智慧"、何为"成功"、何为"成就"、何为"有意义的生活"。在选文上更为注重理性思考，关注科学与其他领域，特别是科学与社会的复杂关系，力图让孩子们更为整体、更为全面地理解科学。

当然，这里所注重的，并不是要求学生读懂每一句话、每一个字，并不要求学生在阅读之后"记住"多少具体知识。许多问题也不存在唯一"正确"的答案。最重要的，是让学生通过阅读去独立地思考，在独立思考的基础上形成自己对于科学的理解。

清华大学教授 刘 兵

目　录 | CONTENTS

新科学读本

珍藏版

Chapter 1

一　谁是迄今最伟大的科学家？

吴健雄

谁是迄今最伟大的科学家？

[美]阿西莫夫

如果所提出的问题是"谁是第二伟大的科学家"，那就很难回答了。因为，据我看来，至少有十来位科学家可以看做是第二伟大的科学家。例如，爱因斯坦、卢瑟福、玻尔、巴斯德、达尔文、伽利略、麦克斯韦、阿基米德等，都可以算得上。

事实上，世界上很可能根本没有第二伟大的科学家。既然有那么多科学家都能如此合适地被看做是第二伟大的科学家，既然在上面列举的科学家中很难区别出到底谁更伟大，我们只好停止进行这项评选，干脆说他们都是选手。

这幅画是根据爱因斯坦4岁时的照片绘制的。和牛顿一样，爱因斯坦的童年并没有表现得比其他孩子更为聪明。爱因斯坦甚至直到快3岁时才学会说话。

在党豪斯时骑在马上的达尔文。

意大利物理学家、天文学家，经典力学和实验物理学的先驱伽利略。

陈列在剑桥大学门厅里的牛顿大理石雕像

但是，由于我们所提出的问题是："谁是最伟大的科学家"，所以，要回答这个问题是没有多大困难的。我认为大多数科学史家都会立刻异口同声地说：牛顿是世界上从未有过的最伟大的科学家。尽管他也有他自己的一些缺点，例如，他是一个很糟糕的讲演者，还或多或少是个胆小怕事的人，是一个喜欢自我怜悯的好哭的人，而且有时还容易灰心丧气，但是作为一个科学家来说，那是没有人能够和他相比的。

他由于研究出微积分而为高等数学奠定了基础。他由于进行了把阳光分解为光谱色的实验而奠定了现代光学的基础。他由于发现了力学上的三大定律并推导出这些定律所起的作用而奠定了现代物理学的基础。他由于研究出万有引力定律而奠定了现代天文学的基础。

任何一位科学家只要具有这四项功绩中的一项，就足以成为一位显赫的科学家，如果所有这四项贡献都是他一个人作出的话，那他就毫无疑问会成为名列首位的科学家。

当然，牛顿的伟大还不只限于他的这些发现。更重要的是他作出这些发现时所采取的方式。

古希腊人曾把大量科学思想和哲学思想汇集在一起。柏拉图、亚里士多德、欧几里得、阿基米德和托勒密等伟大人物，在两千年当中一直像巨人一样屹立在后代人的心目之中。后来阿拉伯和欧洲的许多伟大思想家都没有能够越过古希腊人一步，在不引证古人的见解来支持其想法的情形下，都不敢提出自己的新见解。尤其是亚里士多德，更是他们心目中的泰斗。

　　到了16和17世纪，才有一些实验家，如伽利略和波意耳等，敢于指出古希腊人的见解并

△ 1726年牛顿84岁时的画像。

非全是正确的。伽利略推翻了亚里士多德在物理学上的某些论断，并做了不少工作（牛顿后来的三大运动定律就是对伽利略这些工作所进行的概括）。尽管如此，欧洲当时的知识界仍然不敢背离他们长期以来所崇拜的希腊人。

伍尔索普村牛顿故居及房子的后院

如何在太空安家

到了1687年，牛顿出版了他用拉丁文所写的名著《自然科学之数学原理》。根据大多数科学家的看法，这是自古以来第一部最伟大的著作。在这部著作中，他提出了他的物体运动三大定律，他的万有引力理论以及许多其他问题。他以严格的希腊风格应用了数学，并以最完美的方式把各种现象联系在一起。凡是读过这部书的人，都不得不承认世界上终于出现了一位不但可与任何一个古代思想家并驾齐驱，甚至可以胜过他们的伟大思想家，不得不承认他所提出的宇宙图案不仅是无懈可击、十分完善的，而且从它的合理性和必然性方面来说，都大大胜过希腊文献中所提到的东西。

随着这个伟大人物和这部伟大著作的出现，古希腊人加在人们思想上的枷锁终于被打碎了，现代人在智慧上的全部自卑感终于永远被打破了。

在牛顿逝世以后，亚历山大教皇用以下几句话谈到了他：

自然和自然规律隐藏在黑夜之中，

上帝差遣牛顿来到我们当中，

于是，他揭开了自然之谜，创业立功。

附：

1. 关于《自然哲学之数学原理》

牛顿出于自身的考虑，在1684年12月底，开始动笔写《自然哲学之数学原理》（以下简称《原理》），17个月后，即于1686年5月把《原理》的三卷本的全部手稿交给了皇家学会。第一卷中有两个命题是他在1679年就已解决了的；第二卷中有8个命题是1685年6至7月解决的。第一卷总共有98个命题，第二卷有53个命题，第三卷有42个命题。因此，这些命题中的绝大部分都是在写三本书的连续17个月内宣布和证明的。除整个工作的规模宏大之外，完成的速度之快也是独一无二的。即使把《原理》中所完成的问题看成是他一生事业和思想的结晶，牛顿在科学中的地位也仍然是无与伦比的。而且，用17个月的时间，就阐明、解决所有这些问题，并按逻辑的体系进行编排，这真是空前绝后的奇闻。人们能承认这一事件的唯一理由就是：它确实是这样发生的。

现在谈一谈《原理》的风格。与早期光学发现时表述思想的方法极不相同的是，《原理》是用冷漠的风格写成的，这种风格常使读者无周旋的余地。正如惠威尔（Whewell）贴切描述的那样：

当我们读《原理》的时候，感到好像身在古代的军械库中，那里的武器尺寸如此之大，以至当我们看到它们的时候，会不由自主地感到惊奇：能用它们作武

科学素养文库·科学元典丛书

自然哲学之数学原理

Mathematical Principles of
Natural Philosophy

[英] 牛顿 著 王克迪 译 袁江洋 校

科学元典选科学史和人类文明史上划时代的实物，是人类文化的优秀遗
产，是历经时间考验的不朽之作。它们不仅仅是伟大的科学创造的结晶，还建立
科学精神、科学思想和科学方法的改革，具有永恒的意义及影响。

北京大学出版社

北京大学出版社出版的《自然哲学之数学原理》

器的是什么样的人？因为我们几乎提不动它。……

《原理》以刻板的、层叠的风格出现，很显然是经过深思熟虑的。因为在出版《原理》时，牛顿告诉德勒姆（Derham）说：

为了避免让那些在数学上知之甚少的人损害我的思想，我故意把《原理》写得深奥一些。但是，有才能的数学家，还是可以理解的。我想，他们理解了我的证明之后，会赞同我的理论。

2．牛顿最杰出的才能

牛顿最杰出的才能也许是他专心致志的能力，正如凯因斯所写的：

他特有的才能就是，他能把一个纯粹的智力问题在头脑中持续保持下去，直到他完全搞清楚为止。我想他卓越的才能是由于他有最强的直觉能力和上帝赋予的最大的忍耐力……我相信，牛顿能把一个问题放在头脑中一连数小时、数天、

新科学读本

珍藏版

数星期，直到问题向他投降，并说出它的秘密。

另外，正如狄摩甘（De Morgan）所说，他是如此沉浸在猜想的幸福中，以致似乎这样可以得到比任何证明方法得到的东西还多得多。

 阅读提示

本文选自《你知道吗？——现代科学中的100个问题》，暴永宁、陈养正等译，科学普及出版社1984年版。

你开始学习物理学了吧？是到了了解一下牛顿这个人的时候了。没有牛顿，就没有现代物理学。——这样说一点也不为过。这篇小文章用笔简练准确，只几笔就把科学家牛顿勾画出来了，作者阿西莫夫不愧是科普大家。牛顿当然还有许多其他轶闻趣事，比如投资股票（那是最早的一种股票）大赔本，而后感叹说："我能测算天体运行，但无法揣度人们的疯狂。"不过那是作为普通人的牛顿了。附录的两篇小资料也是高手所写（作者钱德拉塞卡是诺贝尔物理学奖得主），不可忽略。

培养一名科学家

[美]费恩曼

> 我不能创造我不能理解的东西。
>
> ——费恩曼
>
> （按：这是费恩曼临终时人们在他的黑板上发现的话）

我的一个朋友是位艺术家，他和我常常在一个问题上看法不同。他会拿起一枝花，说："看这花多漂亮。"我很同意，可紧接着他会说，"我作为一个艺术家，可以看到一枝花是多么美丽。可你们科学家总是把它分解支离，弄得干巴、枯燥无味。"我觉得他有点头脑不清。

首先，他所领略的美也同样能被我和其他人看到。尽管在艺术美学上我不如他那么训练有素、品味细致，但是一朵花的美丽我总还是会欣赏的吧！其次，我从这朵花里领略的比他要多得多。我能想见花里边的一个个细胞，它们也很美。美不仅存在于肉眼可见的度量空间，而且也存在于更细微的度量空间。在这微量空间中，细胞有着精妙复杂的功能和过程。花的漂亮颜色在进化史上的功能是吸引鸟儿替它们传播花粉，这也意味着鸟儿必须能看见颜色。这就又提出了一个新问题：我们的美感是不是在其他

▲ 美国物理学家费恩曼，（Richard Phillips Feynman,1918–1988），1965年获诺贝尔物理学奖。

低等一点的动物那里也有呢？这些有趣的问题都是在有了科学知识之后才能提出的，它们在视觉美感之上又增加了一层神秘和奇妙，让人更惊叹不已。我觉得科学只会增加并丰富美，绝不会减少它。

我一直是个相当一门心思做科学的人，尤其在年轻的时候更是心无旁骛。在那时候，我既无时间也无耐心来学习人文方面的东西。大学课程有人文方面的必修课，我也是绞尽脑汁逃避。一直到我年纪比较大了，比较放松了，我才有了些闲暇，学了点绘画，做了些阅读。尽管如此，我还是非常专门的一个人，没有广博的知识。我只有很局限的智力，只好把它用在某一个特定的方面。

在我出生前，我父亲对母亲说："要是个男孩，那他就要成为科学家。"当我还坐在婴孩椅上的时候，父亲有一天带回家一堆小瓷片，就是那种装修浴室用的各种颜色的玩意儿。我父亲把它们叠垒起来，弄成像多米诺骨牌似的，然后我推动一边，它们就全倒了。

过了一会儿，我又帮着把小瓷片重新堆起来。这次我们变出了些复杂点儿的花样：两白一蓝，两白一蓝……我母亲忍不住说："唉，你让小家伙随便玩不就是了？他爱在那儿加个蓝的，就让他加好了。"

可我父亲回答道："这不行。我正教他什么是序列，并告诉他这是多么有趣呢！这是数学的第一步。"我父亲就是这样，在我还很小的时候就教我认识世界和它的奇妙。

我家有一套《大英百科全书》，父亲常让我坐在他的膝上，给我念里边的章节。比如有一次念到恐龙，书里说："恐龙的身高有25英尺，头有6英尺宽。"父亲停顿了念书，对我说："唔，让我们想一下这是什么意思。这也就是说，要是恐龙站在门前的院子里，那么它的身高足以使它的脑袋凑着咱们这两层楼的窗户，可它的脑袋却伸不进窗户，因为它比窗户还宽呢！"就是这样，他总是把所教的概念变成可触可摸、有实际意义的东西。

我想象居然有这么这么大的动物，而且居然都由于无人知晓的原因而灭绝了 觉得兴奋新奇极了，一点也不害怕会有恐龙从窗外扎进头来。我从父亲那儿学会了"翻译"——学到的任何东西，我都要琢磨出它们究竟在讲什么，实际意义是什么。

那时我们常去卡次基山，那是纽约市的人们伏天避暑消夏的去处。

孩子的父亲们工作日都在纽约干活，周末才回家。我父亲在周末带我去卡次基山，在漫步于丛林的时候给我讲好多关于树林里动植物的新鲜事儿。其他孩子的母亲瞧见了，觉得这着实不错，便纷纷敦促丈夫们也学着做。可是这些丈夫们不理她们。她们便来央求我父亲带他们的小孩去玩。我父亲没有答应，因为他和我有一种特殊的关系，不想让别人夹杂进来。于是，其他小孩的父亲也就只好带着他们的小孩去山里玩了。

周末过去了，父亲们都回城里做事去。孩子们又聚在一起时，一个小朋友问我："你瞧见那只鸟儿了吗？你知道它是什么鸟吗？"

我说："我不知道它叫什么。"

他说："那是只黑颈鸫呀！你爸怎么什么都没教你呢？！"

其实，情况正相反。我爸是这样教我的："看见那鸟儿了么？"他说，"那是只斯氏鸣禽。"（我那时就猜出其实他并不知道这鸟的学名。）他接着说，"在意大利，人们把它叫做'查图拉波替达'，葡萄牙人叫它'彭达皮达'，中国人叫它'春兰鹅'，日本人叫它'卡塔诺·特克达'。你可以知道所有的语言

▽ 北京自然博物馆里的恐龙模型

▲ 狄拉克和费恩曼在一起研讨。

是怎么叫这种鸟的，可是终了还是一点也不懂得它。你仅仅是知道了世界不同地区的人怎么称呼这只鸟罢了。我们还是来仔细瞧瞧它在做什么吧——那才是真正重要的。"（我于是很早就学会了"知道一个东西的名字"和"真正懂得一个东西"的区别。）

他又接着说："瞧，那鸟儿总是在啄它的羽毛，看见了吗？它一边走一边在啄自己的羽毛。"

"是。"我说。

他问："它为什么要这样做呢？"

我说："大概是它飞翔的时候弄乱了羽毛，所以要啄着把羽毛再梳理整齐吧。"

"唔，"他说，"如果是那样，那么在刚飞完时，它们应该很勤快地啄，而过了一会儿后，就该缓下来了——你明白我的意思吗？"

"明白。"

他说："那让我们来观察一下，它们是不是在刚飞完时啄的次数多得多。"

不难发现，鸟儿们在刚飞完和过了一会儿之后啄的次数差不多。我说："得了，我想不出来。你说道理在哪儿？"

"因为有虱子在作怪，"他说，"虱子在吃羽毛上的蛋白质。虱子的腿上又分泌蜡，蜡又有螨来吃，螨吃了不消化，就拉出来黏的像糖一样的东西，细菌于是又在这上头生长。"

最后他说："你看，只要哪儿有食物，哪儿就会有某种生物以之为生。"

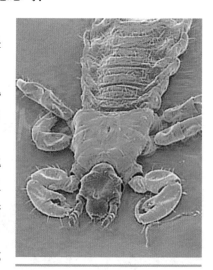

▲ 虱子

费恩曼在量子电动力学方面做了对基本粒子物理学具有深刻影响的基础性研究。

现在，我知道鸟腿上未必有虱子，虱子腿上也未必有螨。他的故事在细节上未必对，但是在原则上是正确的。

又有一次，我长大了一点，他摘了一片树叶。我们注意到树叶上有一个C形的坏死的地方，从中线开始，蔓延向边缘。

"瞧这枯黄的C形，"他说，"在中线开始时比较细，在边缘时比较粗。这是一只蝇，一只黄眼睛、绿翅膀的蝇在这儿下了卵，卵变成了像毛毛虫似的蛆，蛆以吃树叶为生。于是，它每吃一点就在后边留下了坏死的组织。它边吃边长大，吃的也就越多，这条坏死的线也就越宽。直到蛆变成了蛹又变成了黄眼睛、绿翅膀的蝇，从树叶上飞走了，它又会到另一片树叶上去产卵。"

同上一例一样，我现在知道他说的细节未必对——没准儿那不是蝇而是甲壳虫，但是他指出的那个概念却是生命现象中极有趣的一面：生殖繁衍是最终的目的。不管过程多么复杂，主题却是重复一遍又一遍。

我没有接触过其他人的父亲，所以在当时我并不懂得我父亲有多么了不起。他究竟是怎么学会了科学最根本的法则：对科学的热爱，科学深层的意义，以及为什么值得去探究。我从未问过他，因为我当时以为所有的父亲都理所应当地知道这些。

我父亲培养了我留意观察的习惯。一天，我在玩马车玩具。在马车的车斗里有一个小球。当我拉动马车的时候，我注意到了小球的运动方式。我找到父亲，说："嘿，爸，我观察到了一个现象。当我拉动马车的时候，小球往后走；当马车在走，而我把它停住的时候，小球往前滚。这是为什么呢？"

"这，谁都不知道。"他说，"一个普遍的公理是运动的物体总是趋于保持运动，静止的东西总是趋于保持静止，除非你去推它。这种趋势就是惯性。但是，还没有人知道为什么是这样。"你瞧，这是很深入的理解，他并不只是给我一个名词。

新科学读本

珍藏版

他接着说："如果从边上看，小车的后板擦着小球，摩擦开始的时候，小球相对于地面来说其实还是往前挪了一点，而不是向后走。"

我跑回去把球又放在车上，从边上观察。果然，父亲没错——车往前拉的时候，球相对于地面确实是向前挪了一点。

我父亲就是这样教育我的。他用许多这样的实例来讨论，没有任何压力，只是兴趣盎然地讨论。它在一生中一直激励我，使我对所有的科学领域着迷，我只是碰巧在物理学中建树多一些罢了。

从某种意义上说，我是上瘾了——就像一个人在孩童时尝到什么甜头，就一直念念不忘。我就像个小孩，一直在找前面讲的那种奇妙的感受。尽管不是每次都能找到，却也时不时地能做到。

在那时，比我大三岁的表哥正在上中学。他对代数头痛之极，所以请了一个补习教师。当补习教师在给他上课时，我被允许坐在一边。我会听到表哥在念叨X。

我问表哥："你在干什么？"

"我在求X的解，比如，在2X+7=15的方程里边……"

我说："你指的是4。"

"是。不过你用的是算术法，可该用的是代数法。"

幸运的是，我学过代数，不过并非通过学校的教育，而是读了我阿姨家阁楼

费恩曼是当代最受爱戴的科学家之一。他不但以其科学上的巨大贡献而名留青史，而且因在"挑战者"号航天飞机事故调查中的决定性作用而闻名遐迩。

上的一本旧教科书。我弄懂了代数的最终目的不过就是找出 X 是什么——不管你用什么方法。对我来说，"算术法"和"代数法"是没什么区别的。"代数法"仅仅是一连串的步骤，你可以不加理解地教条式地盲从："从方程的两边都减去7，然后两边都除以 X 前边的因数"，诸如此类。这些步骤可以引导你得到答案，即使你根本对所做的没有任何理解。这些步骤的发明是为了让所有的学生都能通过考试而已。所以，我的表哥一直没有真正领会代数。

我们地区的图书馆有一套数学丛书。第一本叫《实用算术学》，还有《实用代数学》、《实用三角学》（我从那本书学了三角学，不过我并没有真的理解它，所以很快就忘了）。在我大约13岁的时候，图书馆进了《实用微积分学》。那时我已经从《大英百科全书》上得知微积分学非常重要也非常有趣，所以我觉得该学会它。

当我在书架上看到那本《实用微积分学》时，我大为兴奋。可当我在借书的时候，图书管理员瞧了瞧我，说："你这小家伙，借这书干啥？"

我觉得别扭，于是说了谎。我说是为我父亲借的。这次是我一生中为数极少的几次撒谎的场合之一。

我回家开始用它学微积分。对我来说，它似乎很简单明了。我父亲也开始读它，却弄得糊里糊涂。于是我开始向他解释。我从来没想到他的智力也是很有限的，所以有点失望。这是我第一次意识到，在某些方面，我已经学得比他多了。

除了物理，我父亲还教了我另一样东西——也不知是对是错——那就是对某些东西的毫不尊重、毫不遵守。有一次，我还很小，坐在他腿上读新出的凹版印刷的《纽约时报》，看见一幅画，上边是一群教徒在向教皇叩首。我父亲说："瞧这些人，都对另一个人叩首。他们有什么区别呢？因为这个人是教皇。"——他痛恨教皇。他说："他只不过戴着一顶教皇的皇冠罢了。"（要是一个将军，我爸会说是"他的肩章罢了"——反正是穿戴着的外在的东西。）接着，他说："这教皇也是个人，他有着所有人共同的优缺点，也要

《大英百科全书》

吃喝拉撒，也是一个人罢了。"顺便提一句，我父亲是做制服的商人，所以他知道一个人穿着官服和脱去它，底下还是同样的人。

我想他对我的成绩是挺满意的。一次，我从麻省理工学院回家，他说："现在你在物理方面懂得多了。我有一个百思不得其解的问题。"

我问他那是什么问题。

他说："当原子从一个状态跃迁到另一个状态时，它会发散出一个叫光子的粒子。"

"对。"我说。

"那么，光子是预先就包含在原子之中的喽？"他问。

"不，光子并没有预先存在。"

"那，"他问，"它从哪儿来的呢？怎么就钻出来了呢？"

我试图解释光子数是不守恒的，它们是由电子的运动而产生的。不过，我解释不清楚。我说："比方说，我现在说话发出的声音，它并不预先就存在于我之中啊。"（这好比有一次我的小孩突然声称他不能说"猫"这个词了，因为他的"词汇袋"用完了。就像人并没有一个会被用完的"词汇袋"，原子也没有一个"光子袋"。）

父亲并不满意我的回答。我也始终未能教会他不懂的东西。从这方面来说他没有成功：他送我上大学去寻找答案，可他却没能找到。

我母亲对科学丝毫不懂，可她对我的影响也非常大。尤其是，她特别有幽默感。从她那儿我懂得：理解世界的最高境界是欢笑和广博的同情心。

 阅读提示

本文选自《你干吗在乎别人怎么想？》，李沉简、徐杨译，中国社会科学出版社1999年版。

费恩曼看似随意的回忆却标有一个很严肃的标题："培养一名科学家"（原文如此）。但细读此文，就会明白这标题一点也不矫情。——费恩曼的父亲的确在认真地培养一名科学家，而费恩曼认为他的做法很正确。重要的不是具体的知识，而是科学思维的原则与方法。用心去领会费恩曼说的那些小故事吧，费恩曼其实特别想告诉你科学思维的精髓所在。如果你一时还不能完全懂得费恩曼的深意，那就先记住他所说的："科学最根本的法则：对科学的热爱，科学深层的意义，以及为什么值得去探究。"

启 蒙

[美]弗尔迈伊

> 就在这一天，我对大自然所怀有的所有爱好凝结成了一种炽热的好奇心。

如何在太空安家

12月的骄阳透过我们宅居的北窗，把明亮的阳光洒在我面前的一盘贝壳上。就在这前一天，我们乘坐"缪尼达"号船在新西兰南岛奥塔戈半岛的附近海域打捞到一大堆海绵和江珧。我知道，这里面肯定会找出令人惊喜的东西，它会激发出许多我从来没有想到过的问题，启发我思考许多新的问题，如果没有第一手的观察，是不可能引出这样的思考的。我在手中仔细地翻弄着一个个贝壳，用指尖和指甲细细品味着它们各种奇异的形状和刻纹。这些贝壳形色各异，令人赞叹。有一个巴掌大小的星贝，它那细长空心的脊从扁平的漩涡般的阳光图案中挺拔而出；托盘中还有毛茸茸的贻贝和生着足丝的蚶；一只扇形的大江珧，上面有不少长长的喷管。有一只扇贝，它那细嫩的长满小鳞的放射肋被一层厚厚的海绵损坏了。还有一个海螺壳，寄居蟹在那里安了一个新家。有几个硕大的法螺，它们薄薄的内壁充满了伤痕，显然遭到过某种能够钻孔的生物的袭击，但后来又长好了。

我住的地方周围是牧场，能够听到从远处绿茵茵的山坡上不断传来的羊羔呼唤母亲的叫声。悠闲中我不由得思

△ 贻贝

索起在野外考察中得到的那些东西。在新西兰冷水区域采来的贝壳竟然这样薄，这是多么奇怪啊。不光是昨天"缪尼达"号在深水区打捞的海螺和蛤的壳是那样的轻，织纹螺、贻贝、蝶螺，甚至从附近海边岩石堆里拣来的牡蛎壳也是这样。它们同智利、美国缅因州以及西北部太平洋沿岸地区那些软体动物的厚壳形成了鲜明的对比。同样引起我注意的是，这些贝壳的表面形态是那样多种多样。像星贝壳上那样的脊在西太平洋深水中的热带贝类中很普遍，但在较冷的地区则不多见。这是不是它们早先生活在热带的祖先遗传下来的呢？也许是，但有的脊好像在它们活着的时候断过，后来又重新长出来的，这些现象说明这些动物可能具有某种特殊的功能。

　　在其他方面，奥塔戈的海螺和蛤与我们猜想的一模一样。它们和所有水温偏冷地区的贝壳一样，多数质地粗糙疏松，而不像温暖海域的贝壳那样，质地像石头一般坚硬。这是为什么？

37年前，当我还是一个在地球另一边上学的四年级孩子的时候，我也问过同样的问题。正是这个问题，使极为普通的一天在不知不觉之中成为我一生的转折点，就在这一天，我对大自然所怀有的所有爱好凝结成了一种炽热的好奇心。

那是1956年秋的一个早晨，与往常一样，我哥哥阿里（Arie）和我离开塞勒姆街我们居住的两层公寓房去东多佛小学上学。马路边上的腐叶和被人踩烂的酸苹果散发着一丝丝甜香的气味，空气中不时掺杂着一阵阵

△ 锥鸟蛤

汽车排放出来的呛人烟气。不到5分钟，我已经坐在教室第一排靠窗的座位上，紧挨着科尔伯格（Caroline Colberg）老师的大讲台。第一节课讲的是美国早期的探险家。这些探险家以及他们所征服的地方，例如墨西哥的科尔特斯，秘鲁的皮萨罗，加拿大的卡蒂埃和德尚普兰，激起了我的联想，在我脑海里出现了一幅幅图画：茂密的丛林，陡峭的山峰，贪婪凶猛的西班牙人为了到达太平洋海岸而拼力攻打着巴拿马。科尔伯格老师年轻时曾在巴拿马生活过，当时，连通大西洋和太平洋的大运河正接近完工，她借助那一段经历把这节课讲得活灵活现。

讲完历史，接着就是美术课。虽然用普通的笔画出来的图画对我来说没有任何意义，但科尔伯格老师还是坚持要我参加。我的任务是按照不同的形状制作出一份各种树叶的目录。具体做法是：在一块钉有窗纱的木板上铺一张纸，用铁笔

△ 金塔屋顶螺

沿着树叶的边缘在纸上描出树叶的形状，这样，在纸的反面便清晰地显出树叶的轮廓，然后，在它的旁边标上这种树的名称。樱桃树、苹果树和紫丁香的叶子是圆形的，描起来没有什么困难；而枫树和橡树的叶子有裂片和齿状的边，对我这个不熟练的人来说，实在不是一件易事。

我习惯很快把事做完，这样我就有很多空闲时间。不管班上其

他同学在做什么，我一般总是贪婪地翻读放在教室前面桌子上新买来的七卷盲文词典。我感到可笑的是，这样大的词典居然起了一个名字叫"袖珍词典"，我曾想，出这部词典的人所说的"袖珍"是不是指"巨型"的意思。

但这一天发生的一件事转移了我的注意力。科尔伯格老师总是喜欢把她那撒满阳光的大窗台装扮得漂漂亮亮。这一天，她把她从佛罗里达西海岸弄来的贝壳和珊瑚带到了学校。我的座位正好靠着窗台，这个得天独厚的位置使我有充足的机会偷偷地欣赏她摆放在窗台上的这些东西。

我一下子就喜欢上了这些玩意儿。还是在荷兰的时候，我就对贝壳产生了兴趣。每次到海边，我都有一大堆收获：鸟蛤，楔蛤，竹蛏。鸟蛤的壳上有一道道排成扇形的放射肋，其末端又脆又薄，呈锯齿形；而蛤则显得不那么华丽，它的放射肋很小，分布不均匀，而且与它平滑的边缘平行。虽然我仍然很喜欢在荷兰收集的那些贝壳，但是与从佛罗里达拿来的这些漂亮的贝壳相比，荷兰那些粗糙的石灰样的东西显然要黯然失色。科尔伯格老师拿来的这些贝壳，摸上去就像是一个擅长精雕细琢的雕塑家做出来的艺术精品。鸟蛤的放射肋更细，刻纹更突出，上面的鳞很少重复。这种贝壳的内壁挺精细，甚至比我想象的还要平滑光亮，手指触上去就像玻璃一样。还有那些海螺，它们的形状简直不可思议。谁能说得清锦螺的壳怎么会那么奇异？它的一端有一串呈螺旋状排列的细珠，另一端是突出的小水孔。其内壁光滑而匀称，呈螺旋式伸往手指触及不到的深处。这又是怎样形成的？

不少同学的父亲二战时在太平洋地区打仗，他们回国时带回了好多贝壳，于是，放在教室的陈列品便慢慢多了起来。有一枚从菲律宾带回的贝壳，现在我知道它的学名是金塔屋顶螺（Tectarius coronatus），其形状完全是一个圆锥体，表面密密地布满了呈螺旋状排列的珠珠。宝贝让我简直无法想象大自然的杰作是多么奇妙。它的外表那样光亮，上面的拱球那样圆，以至于我相信一定是有人在它的壳上涂过一层特别厚的漆，把它本来的造型完全破坏了。一直到很久以后我才知道，原来那层漆是天然生成的。在这种动物的活体中，贝壳上有一层可以剥离的幔状组织，它的内表细胞分泌一种珐琅质。最奇妙的是门敦（Trina Mendon）拿来的那枚又大又重的冠螺。它的球形顶部有一粒粒很漂亮的突起，突起之间是一

▲ 海藻

道道由细小珠子排成的放射肋。壳的底部是一个光洁的保护屏，中间是狭长的壳口，看上去就像一道镶着放射肋的深谷。放射肋排列的精细以及壳底的珐琅和球顶较粗的细沙般的石灰质地之间的反差，给我描绘了一幅从未见过的建筑奇观。

○ 水晶凤螺

科尔伯格老师还向我们描述了采集到这些艺术品的那些海滩的情景。我一面听着，一面像做梦一样想象着这些海滩。它们有美妙的名字，温暖的海涛从远处冲上来，把那些经过海水侵蚀但其漂亮质地依然如故的贝壳留在了海滩上。我常想，为什么在水温较冷的荷兰海滩上的贝壳会那样质地疏松、平淡无奇，而热带的贝壳则是那样华丽、光亮。我的老师不仅让我的双手得到一种终生保有的审美能力，更唤起我对未知事物永不泯灭的好奇心。所有这些，在书本上都找不到。没有人处心积虑地向我们灌输科学知识，也没有远方的专家精心为我编写什么教学计划。科尔伯格老师则真正抓住了自己工作的实质。她为一个人创造了一种观察事物的机会和自由，一种思索问题的勇气，归根结底，创造了一种使人能够提出真正科学问题的宽松环境。

我的好奇心一旦被唤醒，便像插上双翅一样自由翱翔。我想有自己的贝壳，渴望知道它们的名字，它们的生活习性。到1957年2月，我终于有了一批自己收藏的贝壳，我把它们放在一个雪茄盒子里。后来，父亲从当地的杂货店里找来一些废木箱，为我制作了一个有六个格子的小木柜，每个格子的四周都装上贴面，用来遮盖下面粗糙的木头。这样，我就有地方可以放贝壳和书籍了。

阿里主动承担了为我朗读书籍的任务。他一边读，我一边记下地名和关于海边的描述，以及有关海洋生物的情况。就这样，被我们称为"海洋学校"的这种学习方式便牢牢确立起来了。阿里用铁笔在我的记录旁边绘上插图，充当了一个地地道道的老师。他在一页又一页的纸上逼真地画出了海藻、海绵、蠕虫、海蜇、贝类、海星、螃蟹，还有各种鱼和鸟。我们翻阅地图，了解世界海岸线的情况。后来，阿里凭借他的才能和对地理的爱好，画了一幅幅可以让盲人使用的地图，凡是有趣的地方他都用字母和数字作了记号，然后在另一张纸上注明了答案。阿里和家里其他成员以这种超常的奉献精神并利用家里能够用得上的工具和材料——三合板、窗纱、铁笔，使我能够充分接触到印刷媒介提供的丰富信息，

▲ 斑凤螺

从而有效打破了信息障碍。而在图书馆里，即便是这种最原始水平的盲文图书也少得可怜。我至今也不记得有哪个盲文图书馆藏有哪怕一本关于贝壳的书。当时的盲文图书出版社认为盲文插图没有人能够读得懂，他们只出一些非常简单的地图，上面除了几个最大的城市外，其他城镇和地理特征都一概被省略了。

我曾对很多人说过，我是一个贝类学家。人们会问，贝类学家是干什么的？其实我自己也不知道，只是从书上了解到，研究和收藏贝壳的人叫贝类学家。我的父母十分支持两个儿子培养正经的业余爱好，他们尽一切可能培养我的兴趣。既然阿里能够集邮，并通过集邮了解到那么多的地理知识和世界上的各种大事，为什么我就不能把精力放在贝壳上呢？科尔伯格老师也在给我打气，甚至把她有幸得到的一些标本送给了我。有一次，五年级的一个班去纽约参观自然历史博物馆，他们回来后，给我送来了满满一盒各种漂亮无比的贝壳，每种贝壳都用胶粘贴在盒子的底部，旁边还写着这种贝壳的拉丁学名和产地。现在我有了属于自己的产于菲律宾的金塔屋顶螺。还有一种叫水晶凤螺（Strombus Canarium），外表就很光滑，但内壁更光滑，这种贝壳产自神秘的澳大利亚大堡礁。在它旁边，是一种长着银色唇瓣的海螺，叫斑凤螺（Strombus lentiginosus）。它的外表有很多精美的突起和线纹，而它那狭长的壳口内则光滑得令人难以置信。

如果科尔伯格老师对我的抱负有什么怀疑的话，她总是藏在内心。那时我对贝壳的入迷看起来一定和许多一心想当消防队员、棒球队员或宇航员的男孩子的美梦差不多。说得好听一点，这个盲童迟早会安心于一种与他的残疾相称的工作。但这种话从来没有说出来。相反，她总是给我始终如一和毫无保留的鼓励。

　　1956年秋季的那一天，对科尔伯格老师和班上的其他孩子来说也许并没有任何特别之处，但是对我来说则不同寻常。那一天，一位令人景仰的老师为一个人指明了一生的道路。

 阅读提示

　　本文选自《无与伦比的手——弗尔迈伊自传》，朱进宁、方玉珍译，上海科技教育出版社1999年版。海尔特·弗尔迈伊，双目失明。他是一位卓越的海洋生态学家、进化生物学家和古生物学家，在贝类形态研究方面造诣深厚，25岁即获得耶鲁大学博士学位。现为加利福尼亚大学戴维斯分校地质系教授，曾获麦克阿瑟和古根海姆研究基金，为美国科学促进会理事，兼任自然史研究领域的顶级刊物《古生物学》和《进化》杂志的编辑，已出版《贝壳的自然史》、《进化与升级》、《生物地理学与适应》等著作。

　　这篇文章是《无与伦比的手——弗尔迈伊自传》的第一章，标题没有改动，按原样保留了。说实话，本来很想改成一个更能吸引你的标题，但想来想去，没有比启蒙二字更贴切，更能表达作者的意思的了。反过来说，没有比这篇文章更能体现启蒙二字的真义的了。读完这篇文章，去查查《辞海》，看看"启蒙"一条的简单解释之后，再回过头来重读一遍本文。尤其注意第11自然段中以下一段文字："我的老师不仅让我的双手得到一种终生保有的审美能力，更唤起我对未知事物永不泯灭的好奇心。……创造了一种使人能够提出真正科学问题的宽松环境。"注意：这里的省略号不是叫你省略不读的意思，而是留给你自己去想的意思。

如何在太空安家

怀念吴健雄

李政道

▲ 1936年吴健雄在加州大学伯克利分校。

1997年2月16日，杰出的物理学家吴健雄教授逝世了。噩耗传来，我悲痛不已。她是20世纪最杰出的物理学家之一，在实验物理学研究上取得了伟大的成就，对当代物理学的发展起了极重要的推进作用。她的逝世，不仅是物理学界的巨大损失，也是人类科学文化事业不可弥补的损失。我作为曾经与她长期合作共事的研究同道，更是悲痛难抑。这些日子里，我随袁家骝先生及他们的亲属，一起为她送行。半个多世纪的如烟往事，犹历历在目；健雄的音容笑貌、崇高品格，过人的智慧胆识，以及她对物理学的伟大贡献，更时时萦绕于怀。我禁不住要提笔写下这些永不磨灭的记忆。

一、 健雄非凡的科学成就

一提起笔，我先写下一个"想"字，把健雄一生中最重要的4篇科学论文填在了这个"想"字里。第一篇是她和她的学生一起做的"Beta Decay Spectrum of 64Cu"，第二篇是于1950年发表的"Recent lnvestigation of the Shapes of Beta Decay Spectrum"。在这两篇文章里，健雄用她的实验结果，对1934—1948年间物理学界在β衰变理论方面的研究工作做了一个总结，澄清了以前的谬误，否定了科诺平斯基—乌伦贝克（Konopinski-Uhlenbeck）的理论，确立了费密的理论，从

而把 β 衰变研究推向一个新的阶段。在"想"字里填的第三篇文章是健雄发表于1957年2月15日的"Experimental Test of the Parity Conservation in Beta Decay"。在这篇文章中，她以第一作者的身份，第一次用实验否定了宇称守恒定律，同时也否定了粒子—反粒子对称的假设。对称和守恒是物理学的基础，但这两个很重要的定

1957年10月31日，美籍华裔物理学家李政道、杨振宁因1956年共同提出弱相互作用中宇称不守恒原理而荣获1957年的诺贝尔物理学奖。这是1957年12月10日，李政道(左)、杨振宁(中)在瑞典首都斯德哥尔摩接受诺贝尔物理学奖金后，瑞典国王古斯塔夫·阿道尔夫(右)向他们致贺的资料照片。

律和假设都被健雄的实验推翻了。所以，这是一个划时代的实验。第四篇文章在这个"想"字的"心"里面，是她和她的学生莫玮（W.Mo）和李（Y.K.Lee）一起写的。在电磁作用里面，质子和中子的磁矩之差比相应质量的玻尔磁矩大了4.7倍，被称为"anomalous value"（反常值）。健雄和她的学生发现在弱作用中有同样的现象，并且数值完全相等，也是4.7，我们叫做"weak-magnetism"（弱—磁说）。电磁作用和弱作用看起来完全不一样，作用的耦合系数也不同，但健雄他们的工作确立了结合电磁作用和弱作用的新概念，证明了弱作用的"流"和电磁作用的

1973年，袁家骝、吴健雄夫妇回国访问，受到周恩来总理的亲切接见。

如何在太空安家

"流"有密切的关系，从而奠立了一块"里程碑"。这个"里程碑"后来促使电磁作用和弱作用相互统一为现在所称的"electro-weak force"（电—弱力）。这项工作使我们能够把电磁作用和弱作用联系起来，与当初安培和法拉第把电和磁联系起来的工作（磁动生电，电动生磁）相比具有同等重要的价值。

这四篇文章是健雄在实验物理学方面最为突出的成就，这些成就现已成为当代物理学中不可缺少的组成部分。当然，我们要了解她，怀念她，不但要了解她对科学发展的伟大贡献，也要了解她是怎样从她当初的环境中奋斗出来的。这一点，年轻的学生尤其应该知道。

二、 健雄光辉的生平

健雄出生于1912年5月31日，与辛亥革命仅差了半年多一点。

那时候，西方式的教育体制在中国还没有正式建立起来，大部分女性得不到受教育的机会，只能待在家中。健雄出生在江苏省苏州市太仓县的浏河镇。她的父亲吴仲毅很注重对子女的培养，鼓励健雄去苏州上中学。所以，健雄是个幸运者，她开明的父亲使她获得了读书的机会。1930年，健雄从苏州中学毕业。当时，胡适之是有名的学者，正在上海的中国公学讲学，健雄的父亲就要她到中国公学去学习。中国公学的人文学科比较强，健雄就选了胡适之先生的文学。

50年代末到60年代初胡适之在纽约居住时，跟我谈起了健雄在中国公学的故事。他说，当时他发现他的班上有一位学生非常出色，每次提问都答得很好，习题也做得好，大考得一百分。所以在开校务会议时，他就向其他教授说，他班上有一个他以前从未碰到过的好学生。有位教社会学的马教授说他的班上也

▲ 1975年吴健雄在白宫由美国总统福特颁发国家科学奖。

▲ 1975年当选为美国物理学会有史以来第一位女性会长。

有位非常杰出的学生，社会学也考了一百分。另外还有一位教历史的杨教授也说："你们的学生并不是唯一的好学生，我的班上也有个好学生，历史学也考了一百分。"这时，大家都很惊奇，怎么一下子出了这么多优秀的学生？大家一对，原来他们的好学生名字都叫吴健雄。

虽然健雄的文学、社会学和历史学都考了一百分，可她真正喜欢的还是科学，而上海中国公学的理科不行。经胡适之先生鼓励，健雄自己决定，1930年她进了南京的中央大学。1934年从中央大学毕业后，第一年她在浙江大学，第二年在中央研究院物理研究所工作。当时物理所在上海。在上海，她遇到一位刚从密歇根回来的、学光谱学的顾教授。他见健雄聪明过人，极力鼓励她去国外深造，并替她办好了去密歇根大学的手续。

1936年，吴健雄从上海坐船去美国旧金山，然后准备乘火车去密歇根州的安阿伯。离开旧金山之前，健雄到伯克利去拜访她的朋友林女士。在那里，她碰到了杨（Victor Young）。杨是加州大学伯克利分校的学生，一半时间演电影，一半时间在校学习。他得知健雄想学物理，就告诉健雄，伯克利的物理系非常好，就在学校背后的山上，叫"辐射实验室"（Radiation Lab）。于是，他们一起上山去辐射实验室参观，同去的还有另一位男同学。这位男同学就是袁家骝，三个星期前到美国的，也对物理感兴趣。

▲ 和吴健雄一起进行宇称不守恒实验的科学家

▲ 吴健雄和她所领导的实验小组成员

那天，他们参观了劳伦斯（Ernest Lawrence）发明的回旋加速器。劳伦斯对吴健雄说："你对物理有兴趣，核物理刚刚开始发展，很有前途；而光谱学是一个比较古老的学科，没什么前途。所以，你应该留在伯克利，不要去密歇根。"这位教授的劝说使吴健雄动了心，但是她也有顾虑：当时加州大学伯克利分校已经开学一个多月了，而密歇根大学下个星期才开学；在密歇根有奖学金，而且车票也买好了。劳伦斯很热心，他马上把系主任伯奇（Raymann Birge）叫来。系主任说："没有问题，我们保证你入学。尽管开学已经一个多月了，但像你这样聪明的女孩子是决不会有问题的。"于是健雄就留在了伯克利。

关系一个人一生的重要事情，往往在某日某时平凡地发生，平凡得人们当时并不能意识到它的重要性。但当事后回想起来，就会发现若没有那一天、那一时刻，可能自己的一生就会完全不一样。1936年9月去伯克利参观实验室的那天，就是对健雄一生有极大影响的一天。第一，她把已购的火车票退掉，不去安阿伯，而是留在伯克利；第二，专业的选择，从光谱学改成核物理；第三，碰见了6年后成为自己丈夫的袁家骝。

1940年，健雄在伯克利拿到物理学博士学位。之后，在史密斯学院（Smith

College）女校教了两年书，然后在普林斯顿大学作深入的研究。1944年，她加入哥伦比亚大学，以后一直在那里从事教学和研究。1944—1946年间，泡利（W.Pauli）在普林斯顿的高等研究院做教授。念物理的都知道泡利不相容原理。那时泡利常到纽约来，健雄和他常有来往并合过影。

三、我和健雄的首次相晤

我到美国是1946年，第一次见到健雄是在1948年，那时我是费密的理论物理博士研究生。1948年我从芝加哥到纽约去看望吴大猷老师，他当时在哥伦比亚大学和拉比（I.Rabbi）一起做实验。吴老师给我介绍了健雄，于是，我就跟她去了她的实验室。

健雄那时正在磨一个东西，我就问："你在干吗？"当时，她正在一步步地纠正以前β衰变实验中的错误。她说要正确地做β衰变实验有两个秘诀：第一，表面一定要光滑，不能有脏东西；第二，电子要训练得特别好，使之不"straggling"（离散）。

她的"训练电子"的看法让我觉得非常新奇。搞理论的人是用薛定谔方程、狄拉克方程来理解和描述电子的状态和行为的，而真正做实验的人却是像对待

▲ 1978年获首届沃尔夫物理学奖后发表演说。

▲ 1982年吴健雄、袁家骝夫妇参观中国科技大学实验室。

如何在太空安家

猫、狗一样，细心爱护、训练电子。电子训练得好，里面没杂质，从它们的行为中得到的数据才能告诉你实在的世界是怎么回事。所以，健雄的角度完全是一个实验物理学家的角度。我说："这个'训练电子'的观念倒很有意思，很新鲜，不过你的结果是怎样的？"她说："结果呢，是否定了科诺平斯基—乌伦贝克理论，而与费密的理论吻合。"我说："这很好，反正费密的理论一定是对的。"我完全接受了她的结论。

从此，我与健雄建立起了长达半个世纪的非常亲密的工作和私人关系。

四、关于证明宇称不守恒的实验

我现在讲一下她最重要的实验——宇称不守恒实验。这个实验是在1956年间进行的。那年春天，我曾到她的办公室去过。她的办公室很小，她把它叫做"my little office"（我那小屋）。

虽然她那时在物理学上工作已极有成果，但还只是个senior research associate，我们这儿讲，就是个senior Post Doc（博士后），而不是哥伦比亚大学的教授。那时候，美国对妇女还是很歧视的，我当时已是正教授了。在教务会

⚫ 1984年，邓小平接见吴健雄、袁家骝夫妇、华裔诺贝尔物理学奖获得者丁肇中（右二）、杨振宁（右四）。

上我提出，像吴健雄这么一个世界知名的科学家（这时候她还没有做宇称不守恒的实验，但是她在β衰变方面的工作就足够了），应当提升为正教授。会上的人居然全部都反对。我说，好，反对就反对，请每个人说出反对的道理。大家不讲，会就不散。会从两点开到五点多。讨论了很久，有位库施（P.Kusch）教授表示赞成，加入到我的一方。经极力游说，我的提议终以列名投票方式被通过。1958年，健雄被提任为正教授。

🔺 1984年在获得意大利帕多瓦大学名誉博士学位后登上伽利略当年讲座的木制讲台。

在物理学中，宇称守恒意味着左跟右是对称的。

假如有两个系统，开始时互为对方的镜像，就是说它们的初态是完全一样的，只是左跟右不一样。宇称守恒是指，除了左右不一样以外，它们以后的发展应该完全一样。

可是1957年健雄的^{60}Co实验结果表明，宇称守恒的观点与自然现象是不符合的。这当然是非常惊人的事情。

健雄的实验原理其实是非常简单的：假定有一面镜子在这儿，初态有两个^{60}Co是完全一样的，没有极化。对它们各加一个电流，一个电流这样流，一个反方向流。这两个电流除左右不一样外其余完全一样。电流的左右不一样，当然它们的磁化转动也不一样。两个^{60}Co都衰变出电子。既然它们除左右不一样外完全一样，按通常想法，向左右方向出来的电子数目应该一样多。但结果完全不是这样。她的实验说起来非常简单，但要做这个实验，并不是一件简单的事情。1973年，健雄自己把这段经过写了下来，并在普林斯顿大学发表了。下面是健雄的回忆：

▲ 访问南开大学现代光学研究所。

（原文系英文，中译文为李政道先生所译。下同。）1956年早春的一天，李政道教授来到普平（Pupin）物理实验室13楼我的"小屋"里。他首先向我介绍了 θ — τ 之谜。然后他说，如果起源是宇称破坏，那这种破坏也应当在 β 衰变中观测到。为此必须要测量赝标量。

李政道教授来访后，我开始仔细考虑这件事。进行这种实质性的检验对一个研究 β 衰变的物理学家来说是一个"黄金机会"。作为一个实验物理学家，我感到去完成从未有人试过的、困难的实验对我是一个挑战。那年春天，我丈夫袁家骝和我计划去日内瓦参加一个国际会议，然后到远东去。我们俩是在1936年，整整20年前，离开中国的。而且，我们已经在"伊丽莎白女王号"游船上订了票。这时，我突然意识到，我必须立即做这个实验。我迫切地希望完成一个明确的检验。

▲ 1986年获艾丽丝奖章。

所以我请家骝独自一人出行，让我留下。幸好，他完全理解事情的重要性，同意一个人离开。

请大家注意，我对健雄讲了一下高能物理中K介子的 $\theta-\tau$ 之谜，同时也讲了一下原因可能是宇称不守恒。假如宇称不守恒，β 衰变中一定可以做出结果的。怎么去检验？那天我们讨论了很多方案，用 ^{60}Co 是健雄提出来的。我离开以后，她认为这是一个"黄金机会"，也是对她的一个挑战。因为这类实验从来没有人做过，虽然宇称这个观念在 β 衰变里已经用得很多了，而且大家都以为宇称守恒当然是对的，可是从来没有被检验过。所以这个实验是很难的，是一个挑战。那年春天，在我们讨论之前约一个月，她跟袁家骝计划先到日内瓦，然后到远东，并已经在"伊丽莎白女王号"游船上订了票。那时是1956年，她是1936年离开中国的，已经整整20年没有回去过了。可是健雄想了一下，觉得不能错过这个机会，必须要做这个实验，她要把它"test"（检验）出来。所以她请家骝让她留在美国从事这项实验。家骝很支持她的决定，独自一人出行了。从这里也可以看出，健雄是个事业心很强的女性，她的个性、决断力也是很强的，而且极有毅力，为了科学事业她是很能舍却自己的利益的。一个人要成功，绝不是一件简单的事。

▽ 1992年吴健雄、袁家骝夫妇与东南大学校长韦钰共商学校发展大计。

如何在太空安家

下面再回到健雄自己写的回忆：

> 春季学期5月份一结束，我便急切地开始准备实验。9月中旬，我去了华盛顿特区。在华盛顿做实验的间隙里，我就赶回哥伦比亚去教书和做其他的研究工作。

这短短的几句，背后是有很多故事的。我跟她谈话是在1956年4月底，5月初的时候。做^{60}Co的实验需要低温条件，但她自己没有这样设备的实验室。于是，她写信给美国国家标准局（National Bureau of Standard）低温组的领头人安布勒（E.Ambler），他也做过β衰变的实验。安布勒7月份回信对健雄说，他要度假，9月份才回来。于是，从5月到9月之间，健雄就在哥伦比亚大学的普平实验室把探测的仪器做起来，同时生长^{60}Co晶体。这样过了三个月。到9月他们开始合作时，健雄的准备工作已经相当充分了。

下面我们再回到健雄的回忆：

> 圣诞节前夜，我乘末班火车回到纽约，当时飞机场由于下大雪而关闭。我从车站打电话给李教授，告诉他我们观测到的非对称性可以重复，并且很大。非对称性参数约为−1。李教授说，这太好了，这个结果正是中微子两分量理论所预期的。

▲ 1992年在北京当代中国物理学家联谊会上，国家主席江泽民与吴健雄、吴大猷（右一）等在一起。

我记得清楚极了，那是圣诞节前夜。我在半夜里接到健雄打来的电话，她说实验结果证明宇称不守恒的参数很大。我说，好极了，这同我和杨振宁的两分量理论完全吻合。我问她："你在哪里打电话？"她说是在火车站打的。我心里一愣，便对她说这太危险了，因为纽约的火车站半夜里是非常不安全的。那时在下大雪，飞机不通，她立刻改坐火车回来。一下火车，她就在火车站里给我打电话，因为她觉得结果非常重要。这精神是令人钦佩的。

健雄在回忆录中继续说道：

> 元月2日，我回去继续对实验结果作验证。元月2日到8日也许是我们整个实验中最紧张的阶段。我们的低温恒温器是用玻璃做的。封合玻璃的是一种将甘油和Palmolive牌子的肥皂融化了调和在一起制成的润滑油。麻烦的是，液氦是超流体，会漏出来。每漏一次，就需要6~8小时将系统升温，重新封合，再降温。为了节省时间，霍普斯就睡在恒温器旁的睡袋里。恒温器一达到液氦温度，他就打电话叫我们去实验室，不论那是晚上什么时候。

这里请注意，到圣诞节末实验结果已经出来了，跟理论完全符合，按说应该可以发表了。但是，真正的实验科学家并不因为理论家说"very good"就完事了。最困难的是，在这之后还要重复再做，检查是不是有错误。所以健雄认为，1957年元月2日到8日，是最困难的时候，要全部检查，且大部分工作是手工操作。低温恒温器是用玻璃做的。封合玻璃的是一种黏黏的润滑油，它是由甘油和肥皂融化调合成的。但由于液氦是超流体，它会漏出来，于是又得重新来。做实验是很辛苦的。霍普斯就睡在仪器旁，其他人住在旅馆。一有事就打电话，无论什么时候，马上就去实验室。

⚠ 与泡利在一起。

健雄继续说道：

> 元月15日下午，哥伦比亚大学物理系召开了新闻发布会，宣布一个基本的物理定律被推翻了。这惊人的新闻立即引起了轰动，传遍了全世界。人类对物质世界结构看法的突然解放是势不可挡的。

物理实验常常是与技术同时出来的，且差不多是并肩的。像迈克耳孙—莫雷（Michelson-Morley）测光速的实验，当时很难测得那么准，花了差不多十年的时间才得到令人较满意的结果。而宇称不守恒实验不一样，它是一个观念上的问题。你去看以前关于β衰变的书，宇称、选择定则是用得很多的，也都与实验很符合；可是，人们并不知道这些跟宇称守恒是一点关系都没有的，这是很难想到的。所以健雄的结果一出来，人们就发现，可做的实验是那样的多：不光是β衰变，用π介子、μ介子、K介子等等都同样可以做出来。以前认为宇称守恒是当然的，等到发现宇称不守恒，技术上的进步就很快了。

1956年我和杨振宁在理论上建议了宇称不守恒，而实验上的确定是健雄做的。她的文章于40年前的2月15日发表在《物理评论》（Physical Review）第105卷的第1413页上。紧接着她的论文，加尔文（R.Garwin）、莱德曼（L.Lederman）和温里克（M.Weinrich）在第1415页上发表了π的μ介子衰变和μ的电子衰变，得到了同样的结论。在同一卷的第1681页，还有泰莱格迪（V.Telegdi）和弗里德曼（J.Friedman）的文章，等等。在以后的半年之内，大概有几百个这方面的实验出来。

如果你把中微子拿来，动量沿左手大拇指方向，则中微子的自旋永远是沿左手其他四指弯曲的方向，我们称之为左手的中微子。假如你在镜子里面看中微子的话，则是沿右手大拇指方向前进的中微子，且自旋方向应该沿右手其他四指弯曲的方向。可是右手中微子是没有的，但反中微子是右手的。把粒子变成反粒子——中微子变成反中微子，然后左手变成右手，好像又对称起来了，这叫CP对称。C是粒子变成反粒子，P是左和右。在理论上建议宇称不守恒的文章是在1956年12月写的。发表是在1957年。事实上，这篇文章那天晚上刚刚完稿，健雄的电话就来了。我写的时候还不知道她的结果。

那时候K介子叫K^+和

△ 20世纪90年代初，吴健雄到南京探望老师施士元先生（叶企孙先生的第一届弟子）时的合影。

K？现在叫K_L和K_S。K_L，可以衰变到e和e^+，它们的比值是不等于1的。这个预测是1957年发表的，于1964年被验证。CP也是不守恒的，时间的过去和将来也不对称。这个实验很简单，但设计思路也是挺新奇的。K_L^0是一个圆形的自旋等于零的粒子，上标"0"表示它是电中性的。可以证明，不仅它的总电荷是零，而且它里面的任何一点都没有电磁作用。按理，它对电是没有一点观念贡献的。通常说，电子的电荷是负的，为什么呢？因为质子的电荷是正的，要相吸才能生成原子。可质子的电荷为什么是正的呢？因为电子的电荷是负的。因此，电荷的正、负当然是不一样的，可它们除了相对的意义是没法绝对定义的。这个CP不守恒的实验就是说，初态K_L^0对电磁作用完全是中性的，但在演变后它的终态是CP不对称的。测量它的衰变，得到正电子和负电子。怎样分开这两种电子呢？加一个磁场，一个朝这边走，一个朝那边走，奇怪的是它们的数目比值差了千分之六。这个差别不是相对的，而是绝对的。这就是CP violation（破坏）。CP破坏是非常重要的。因为我们的宇宙中主要存在的是带正电的质子和带负电的电子，如果CP守恒，我们就不会存在在这儿了。

到目前为止我们知道，如果把左变右，粒子变反粒子，过去变未来，叫CPT变换，这还是守恒的。从宇称不守恒开始，一大批的实验把很多量子数的守恒推翻了，其中最主要的之一是CP不守恒。

大概大爆炸的时候CP是对称的，可我们现在的宇宙是不对称的，因为主要存在的都是中子、质子和电子。这就是说我们现在所以能存在是因为CP不守恒。CP不守恒跟我们人类的存在，地球的存在有极大的关系。可是，原因是什么，我们并不知道。追求CP不守恒的来源是目前物理的大问题之一。

五、精神长存

米尔恩（A.A.Milne）写给小朋友的一首诗既相当好地代表了健雄的实验精神，也表示了我们对CP的情绪。

这首诗翻译成中文就是：

> 没有人能告诉我，
> 没有人知道，
> 风从何处来，
> 风向何处去。

如何在太空安家

假如我放开

我风筝的绳子，

它必将随风飘去

一昼和一夜。

当我再找着它，

无论在哪里，

我就会知道

风已经到过那个地方。

然后我就可以告诉别人

风去了哪里……

可是风从何处来

还是无人知。

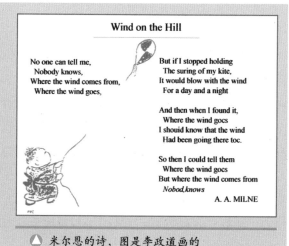

Wind on the Hill

No one can tell me,
  Nobody knows,
Where the wind comes from,
  Where the wind goes,

But if I stopped holding
  The suring of my kite,
It would blow with the wind
  For a day and a night

And then when I found it,
  Where the wind gocs
I shoud know that the wind
  Had been going there toc.

So then I could tell them
  Where the wind gocs
But where the wind comes from
Nobod,knows

A. A. MILNE

▲ 米尔恩的诗，图是李政道画的

这是做实验的精神。假如是做理论的话，就要猜风从哪里来。做实验的话，跟着风筝走，就知道风到哪儿去，而欲知风从哪儿来，就要另做一个实验了。

在这首诗后面，我又加了四句：

If time–reversal were true,

Someone could know…

But since T does not hold

I may never be told.

用中文来说就是：

如果时间反演是对的，

也许有人会知道……

可是这个定律是错的，

也许永远没有人知道。

居里夫人去世时，爱因斯坦曾写过这样一段话：

当这样一个伟人在她生命终了的时候，我们不要只记得她对人类工作上的贡献。比起她纯学识上的成功而言，她在道德上、人格上的崇高品质对将来、对历史的作用更为重要……她的力量，她的愿望的单纯……她的科学客观的认识，她的坚忍不拔，这些优秀品格每一样都难能可贵，而集中在一个人身上更是非常非常难得的……一旦她认定了一条路是正确的，她就坚决地走下去，决不改变。

我认为，我们怀念吴健雄，把爱因斯坦称赞居里夫人的话用在她身上是再恰当不过的了。

阅读提示

本文选自《李政道文录》，浙江文艺出版社1999年版。标题为编者另拟。本文原为作者1997年5月30日在北京大学"纪念吴健雄大会"上的演讲，由施宝华根据录音整理，并经作者本人审定。

你肯定知道杨振宁、李政道，但恐怕不太知道吴健雄。其实吴健雄是一位世界知名的实验物理学家，她设计了一个漂亮的实验确证了"宇称不守恒定律"（杨、李二位因发现这个定律获诺贝尔奖）。注意李政道先生的用语："我和杨振宁在理论上建议了宇称不守恒，而实验上的确定是吴健雄做的。"这篇怀念文章写得情深意长，你可从中领略科学家吴健雄的风范。作者格外强调的一点，也正是我们想建议你留心玩味的一点，那就是吴健雄的"实验精神"。

如何在太空安家

位于江苏省太仓市浏河镇母校的吴健雄墓园

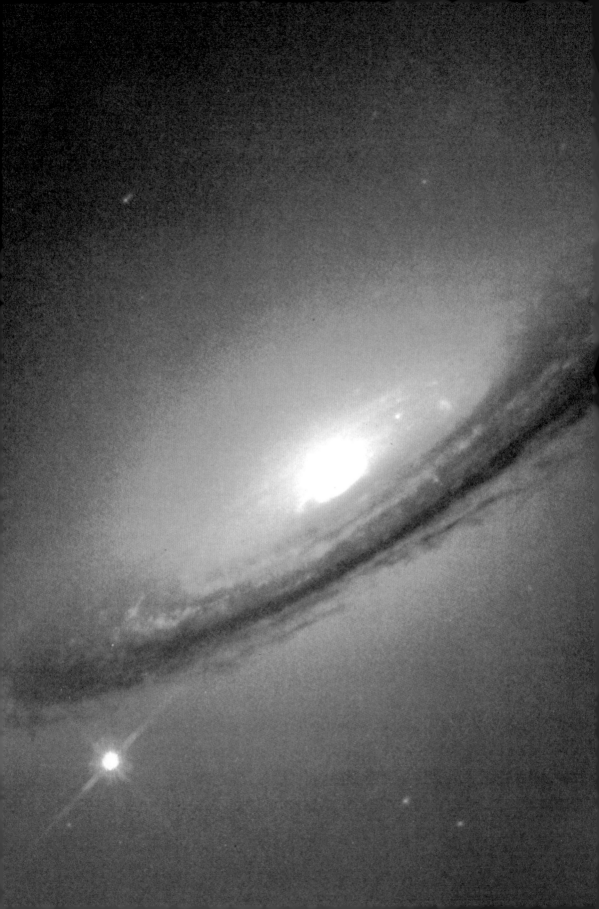

Chapter 2

二 如果哈代知道了

"他的头型完全变样了！"

[英] 达尔文

〔参加在〕贝格尔舰上的航行，是我一生中最重大的事件；它决定了我此后全部事业的道路；可是，这却取决于舅父的建议，要我乘车赶回到三十英里外的希鲁兹伯里去，这样微小的情况；而且也取决于我的鼻型这类琐小事情哩。像这样肯干的舅父，是稀有的。我始终认为，应该把我初次受到的真正的思想训练，即教育，归功于这次环球航行。当时我接受任命，必须去仔细研究自然史的几门学科，因而改进了我的观察能力，不过在航行以前，我的观察能力已经有相当好的发展了。

我对于自己旅行所到的各地的地质考察，具有极其重大的意义，因为在这方面要发挥所有的推断能力。起初在考察一个新地区时，只见到杂乱无章的一大堆岩石，比任何其他情形都难以处理，以致大感绝望。可是，如果把很多地点的岩石的层理和性质以及其中化石记录下来，经常对这些记录进行思考，并且努力推

▲ 1840年31岁时的查尔斯·达尔文

ON

THE ORIGIN OF SPECIES

BY MEANS OF NATURAL SELECTION,

, OR THE

PRESERVATION OF FAVOURED RACES IN THE STRUGGLE
FOR LIFE.

By CHARLES DARWIN, M.A.,
FELLOW OF THE ROYAL, GEOLOGICAL, LINNÆAN, ETC., SOCIETIES;
AUTHOR OF "JOURNAL OF RESEARCHES DURING H. M. S. BEAGLE'S VOYAGE
ROUND THE WORLD."

LONDON:
JOHN MURRAY, ALBEMARLE STREET.
1859.

The right of Translation is reserved.

 达尔文在党村的故居。环球航行回来之后，达尔文在伦敦度过了繁忙的五年。当时有两件事情促使他下决心到乡下去定居。一是他刚形成了物种演变的思想，需要宁静的环境进行深入思考，二是他的健康状况越来越差，需要静养。在父亲的资助下，达尔文夫妇在伦敦东南的肯特郡买下了一个旧庄园，被后人称做党豪斯（Down House）。从1842年迁入到1882年去世，达尔文在这里生活工作了整整四十年。

◀ 1859年，达尔文的《物种起源》的扉页

测其他各处将会发现的情形，那么很快就会搞清楚这个地区的杂乱情况，因而也就多少可以理解到它整个的地质构造了。那时我随身携带了赖尔所著的《地质学原理》第一卷，经常仔细地研读他；我在很多方面，从这本书中获得了极大的益处。我开头考察的第一个地区，就是佛得角群岛中的圣地亚哥岛；它使我清楚地看出，赖尔所举出的地质研究方法，有惊人的优点；在我当时带去的或后来阅读到的所有其他地质学书籍中，其著者所提出的方法都不及他。

我的另一项工作，就是采集所有各类动物，对很多海生动物作简略的记述和初步解剖。可是，因为我没有绘图本领，也没有相当的解剖知识，所以我在航行期内所记写的一大堆原稿，都已经证明是无用的。因此，我浪费了很多时间，但是只有在甲壳纲方面获得了一些知识，总算没有白费，因为后来我在著写蔓足类动物专集时，这方面的知识就对我有用处了。

我时常在每天某一时间内，记写自己的《旅行日记》，把我当时所见所闻都仔细而且生动地描写出来；在这方面耗费了很多的精力；这是一种有益的训练。我把自己这本日记充当家信的一部分，在遇到适当的机会时就把它分批寄回英国去。

可是，上述的各种专门的研究工作，在同我当时养成的一种习惯相比时，就显得不重要了；这种习惯就是：勤奋的劳动和对自己所研究的任何事物的专心注意。凡是我思考过的或阅读到的一切，都同我已经看到的或者有可能看到的事物有直接的关系；这种运用脑力的工作方法的习惯，在整个五年的环球旅行期内一直继续着。我确信，正是有了这种习惯，才使我能够在科学方面作出自己的一切成绩来。

现在我在回顾往事时可以看出，我对科学的爱好，怎样会逐步增强起来，而超过了对其他一切的兴趣。在环球旅行最初两年内，我仍旧保持着原来的打猎嗜好，

▼ 达尔文夫妇老年时的画像　达尔文的夫人埃玛小时候活泼好动，不大注意整洁，曾被她的家人戏称做"邋遢小姐"。但在结婚后，埃玛将自己的一切都奉献给了达尔文的事业和家庭。在达尔文疾病缠身的四十年里，埃玛对他照顾得无微不至，使他能全身心地投入学术研究。埃玛精于钢琴演奏，这给达尔文和家庭带来了不少愉快的时光。1882年达尔文去世后葬在伦敦西敏寺与牛顿比肩长眠。

达尔文在党豪斯的研究室。达尔文一生大部分创造性的工作都是在这里完成的。

新科学读本

珍藏版

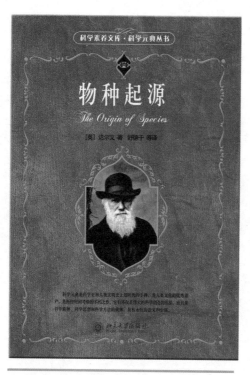

 北京大学出版社出版的《物种起源》

几乎是竭尽全力地去干着；为了要采集标本，我亲自去猎取一切鸟兽；但是此后，我就越来越经常地把猎枪交给自己的仆人，最后终于完全由他一人去猎取鸟兽了，因为狩猎工作会打扰我的研究工作，尤其是妨碍我对某一地区的地质构造的勘察研究。我曾经发现，不过是无意识的和不知不觉的发现：观察和推断工作的乐趣，确实是远胜于任何的手艺和打猎工作的乐趣。在我身上，野蛮人的原始的本能，逐渐给文明人的后天习得的爱好所替代了。在这次环球旅行期内，我的思想，由于受到自己这些工作的影响而发展起来了，这种情况，大概可以用我父亲所讲的一句话来表达。父亲是我生平所见到过的最敏锐的观察家；他的性情有怀疑主义的倾向，而且完全不同于颅相学的信徒。当我在完成环球旅行后回家时，他一见到我，就转身向着我的姐妹们，并且高声呼道："啊！原来他的头型完全变样了！"

阅读提示

本文选自《达尔文回忆录》，毕黎译，商务印书馆1982年版。

五年的环球旅行改变了达尔文的头型！可以想象一下，这五年时间达尔文是怎样在运用他的脑力。脑力也是"用进废退"的。注意文章中的第五段，达尔文说到他"当时养成的一种习惯"。养成好习惯终生受益。古希腊哲学家柏拉图早就用一个反问句提醒过年轻人："怎么？你认为习惯不重要？"

一个数学家的自白

[英] 哈 代

　　我不记得我除了想当一个数学家，还曾经想成为别的什么。我觉得我的这种特殊能力是明摆着的。我也从未对我长辈的断言产生过什么疑问。但是我也记不清孩提时代曾对数学抱有多大热情，事实上，我对数学家这门职业的见解远非那么高雅。我觉得数学对我来说就是考试和奖学金。我想打败其他孩子，这方面，似乎是我做得比较坚定的一面。

　　在十五岁的时候，我的追求发生了一个急剧转变。Alan ST写了一本名叫《三一学院的一个家伙》的书，是讨论剑桥大学生活的系列之一。我觉得这本书比起Marie的大部分书籍都差很多，但是它能激起一个聪明孩子的想象的话，也不至于糟到哪儿去。书中有两个角色，主角名叫佛拉瓦斯，他几乎各方面都好。另一个则相对较弱，叫布朗。佛拉瓦斯和布朗发现大学生活里存在许多危险的诱惑。最严重的当属由Bellenda姐妹在切斯特顿开的一个小赌馆。她们是两个迷人但邪恶至极的年轻女士。佛拉瓦斯抵制住了这些诱惑，并一举成为Second Wrangler（剑桥大学数学学位第二名）和Senior Classic（剑桥大学古典语文第一名），自然就升为研究生继续学业。然而布朗却屈服于这些诱惑之中，用尽父母的钱财，花天酒地。直至在一场暴风雨中经牧师Junior Dean的祈祷从癫狂中被拯救回来，费尽周折才勉强获得学位，最终成了一名传教士。他们的友情并没有因这些不愉快的事儿消散，当佛拉瓦斯第一次在高级

▲ 英国数学家哈代(Godfrey Harold，1877—1947)

新科学读本

珍藏版

◭ 剑桥大学三一学院正门 （王克迪摄）

集体卧室里，喝着葡萄酒，吃着胡桃时，不禁想起布朗，给予真挚的同情。

说起来佛拉瓦斯是个足够高雅的小伙子，但我那未经世面的脑袋却不认为他很聪明。如果他能做到这些，为什么我不能。特别是集体卧室那一幕彻底地迷住了我，从那时起，数学对我来说主要意味着的是三一学院的奖学金，直到我也如愿以偿。

当我一进入剑桥，我立刻发现奖学金即意味着基础的工作，但过了好久我才对何为研究形成明确概念。正如每一个未来的数学家一样，我在学校里当然发现在某些事上我经常能够做得比我的老师好，即使在剑桥我同样发现，尽管很自然次数少得多，也有能做得比剑桥的讲师好的时候。但直到我都获得了学位的时候，我还是对我的课题显得很无知，尽管我的余生都将花费在其上。我当时仍然认为数学本质上就是用来竞争的学科。而拉乌教授则第一次开了我的眼界。他教了我几学期的课，使我第一次有了关于分析的严肃的概念。我欠他最大的一份人情就是——毕竟，他主要是一个应用数学家——他建议我读乔丹著名的《Cours d'analyse》（《分析教程》），我将永远不会忘记我读这本名著时的那种震惊（正如我这一代的许多数学家一样从中受到最初的激励），我第一次知道了什么是真正的数学。从那时起，我就踏上通向一个真正数学家的道路，带着对数学真正意义上的追求和对数学真正的热情。

接下来十年里我写了大量的文章，但只有极少数较重要。有不超过四到五篇比较满意的论文，我现在仍然能记得。十年后或者十二年后，我真正的职业机遇来了。那是在1911年，我和Littlewood开始了长期合作，1913年，我又认识了Ramanujan。从那时开始我所有最好的工作都与他们有关。显然，我和他俩联手是我一生中决定性的事件。当我沮丧的时候或者发现自己不得不听某些无聊的人夸夸其谈的时候，我会对自己说，"我做了一件你永远不会做到的事情，那就是同时和Littlewood与Ramanujan两人合作，而且是以几乎同等的身份。"对他们来说，我事业上的成熟来得异乎寻常的晚：我四十岁多一点才到达顶峰，当时我已是剑桥的教授了。从那时起，我一直不断地退步，这也是年迈的人特别是年迈数学家的共同命运。一个数学家在六十岁或许还比较有能力，但却不能指望他产生新颖的想法。

现在很清楚，我的生命，就其有价值的部分来说，算是已经结束了。没什么我还能做的可以再明显地增加或减少已有的价值。要想心平气和地面对这一点并不容易，但我认为我还算成功。我已得到的奖赏比具有我这种能力的人应得的要多。我曾获得过一系列舒适并且"尊贵"的职位。我很少因大学里的框框条条惹上什么麻烦。我讨厌"教书"，而我不得不教的时候很少，且几乎全都服从于研究的目的。我喜欢演讲，曾给许多才华横溢的班级做过大量的演讲。我总是有许多空闲来做研究，这曾是我生活中时间最久的一大幸事。我发现和别人合作显得

剑桥大学三一学院

如何在太空安家

▲ 三一图书馆后庭

很容易，我已和两位杰出的数学家开展大规模的合作。这已使我对数学作出了不小的贡献，远超过理论上我所期望的。同任何其他数学家一样，我也有过我自己的失望，但却没有一个严重到让我感到特别不高兴的。

如果在我二十岁的时候，我就有过上这样的生活的机会，我会毫不犹豫地选择它。

如果认为我本来还可以做得更好则是很荒谬的，因为我没有任何语言或艺术上的能力，对实验科学也几乎没什么兴趣。我或许可以成为不错的哲学家，但不会有什么原创思想。我认为我也能做一个好的律师，可惜出了校园，只有新闻业才能让我对我的形势感到真正的自信。毫无疑问，如果以所谓的成功作为评判标准的话，我做一个数学家是正确的。

还有，如果我想要的是一个相当舒适和幸福的生活，我的选择是对的。但是，律师、股票经纪人以及出版者通常更能过上舒适和幸福的生活。要想弄明白世界怎样会因为这些人的存在而更加富有是很困难的。是不是在某种意义上我能宣称我的生活比起他们来要有用一些？对我来说（再一次地）似乎只有一个可能的答案：是吧，也许吧，但如果真是这样，也只有一个理由。

我从来没做过什么"有用"的事情。我已经做出或有可能做出的任何发现，都不会给这个世界带来一丁点的变化，无论是直接的或间接的，也无论是好的或不好的。我曾帮助培养过其他的数学家，但是像我这样的数学家和他们所做的工作，无论我帮他们走了多远，都和我自己一样没什么用处。从所有实际的标准来看，我的数学生涯的价值是一文不值；在数学之外它完全无足轻重。只有一个机会可以让我逃脱"完全无足轻重"的裁判，那就是，我或许会被认为创造了值得创造的东西。我已经创造了某种东西，这是不可否认的，问题只在于它的价值。

对于我的生活，或者任何我这种意义上的数学家的生活，事实是：我已经对人类知识做了点补充，并帮助其他人补充了更多；这些东西在价值上同伟大的数学家们的创造相比，或者其他任何艺术家（无论大艺术家还是小艺术家，

剑桥大学数学桥

如何在太空安家

▲ 三一图书馆内景

只要在他们身后留下了某种纪念什么的）相比，也仅仅是在程度上而不是性质上有所不同。

 阅读提示

本文选自 A Mathematician's Apology，剑桥大学1992年版，朱小蓬、林金钟译。

哈代是一个伟大的数学家，这篇"自白"是他写的《一个数学家的辩白》一书的最后一章。他认为，为数学辩白自然也就是在为职业数学家的生涯辩白，所以用这篇自白作结。书写得很好，在全世界范围影响都很大。所谓为数学辩白，其实就是探讨和维护数学的价值。他有一个观点，就是数学是不求"有用"的。尽管数学的应用已经给人类带来巨大成就，但他还是坚持"纯数学"的研究才是数学的最高价值所在。这个观点固然有些偏执，很多数学家都不太同意，但却也有值得你用心体会的道理：数学是人类的创造性活动，进行数学创造的主要驱策力是"解决纯智力的挑战"和"对美的追求"。参照《数学是一种精神》和《如果哈代知道了》两篇文章来读，你就会得到一个较为全面的看法。

如果哈代知道了

[英] 戴 森

我17岁时，入剑桥大学做了学生，并且有幸结识了著名的数学家戈德弗雷·哈代（Godfrey Hardy）。

当时，几乎所有数学家与科学家都离开了学校，投身于第二次世界大战了。学校里没有研究生，任何专业的高年级学生也很少。留在剑桥从事数学的人只有著名的老教授们和一群非常年轻的大学生。哈代当时已经64岁了，情绪沮丧，处境恶劣。他已经患上了心脏病，这种病几年后令他残废。他从来也不谈论在我们周围汹涌澎湃的战争；他对战争深恶痛绝到了缄口不言的地步。他开设了关于纯数学的讲座，他喜欢让四五个学生在小讨论间里围坐在一张小

▲ 老年的哈代

桌子边听他讲课。在这个小房间里，我们坐得离哈代只有几英尺远听讲，一周三次，有两年之久。他讲课就像婉达·兰多夫斯卡（Wanda Landowska，1877—1959，旅法波兰女钢琴家）在拨弦古钢琴上弹巴赫：精确而通体透明，但是又向所有能够看穿表面的人展现出他热情的快感。每一次讲座都经过精心准备，就像一件艺术品一样，让充满智慧的结论好像自发地在课时的最后五分钟里呈现。对我来说，这些讲座是令人陶醉的享受，我时时感到一种冲动，要拥抱住这个离我两英尺远的白头发小老头，向他说明，我们对于他继续谈话的愿望是多么五体投地的感激不尽。

在我到剑桥之前那一年，哈代出版了一本小书，名为《一个数学家的辩白》（A Mathematician's Apology）。这本书是为那些没有经过数学训练的读者写作的，引导他们渐入佳境地进入数学世界，他在这一世界中如鱼得水。他是个非常

纯粹的数学家，而他的书所传递的讯息是：纯数学是唯一值得尊敬的数学类别。他写道："数学家，就像画家或者诗人，是模式的创造者。如果他的模式比画家或者诗人的更为长久，那是因为他的模式是由观念构成的。"他把自己看成是艺术家，创造出具有抽象美的作品。他将应用数学看做是二流的数学，常常造成损害而不是改善，他特别痛恨应用数学以任何方式被应用于战争。他骄傲地声称，他在一生中从未做过任何可以被视为有用的事情。他所做的一切都是艺术作品，并且是有独特风格的艺术作品。他数学论文的风格与内容同样优美。他尽其所能地写得清晰优雅。

在我后来的科学生涯中，我并未忠于哈代的理想。开始，我步他的后尘进入了数论领域，并且解决了几个数论问题。这些问题优美但无关宏旨。后来，在我作为数论理论家工作了三年之后，我决定成为应用数学家。我认为理解自然的基本奥秘要比继续证明只能引起一小撮理论家兴趣的定理令人振奋得多。我小心地避免向哈代说起我的这个决定，因为我知道这只会令他伤心。几年之后，当我已经成功地完成了向应用数学的转变并且感到可以告诉他这一消息时，他已经辞世了。我要告诉他的是，在我过去作为数论理论家所做的工作，与我现在作为物理学家所做的工作之间，并没有高下之分。但是这时一切都已经太迟了。

在后来的岁月里，我有许多次曾经希望，我能够向哈代解释，我已经运用他教给我的数学做了什么。我梦想着有朝一日他能够理解并原谅我背离了他的理想。

通过我的职业生涯，我已经幸福地找到了有效利用我的数学技巧的科学领域。我已经在粒子物理、统计力

▲ 英文版的《一个数学家的辩白》

学、凝聚态物理、天文学、生物学等领域研究过形形色色的问题。我也曾经研究过工程问题，将数学应用于仪器和机械的设计。当我在设计机械时，我常常想到哈代书中的著名论断，这一论断以有点刺人的字眼表达了他对应用数学的憎恶："如果一门科学的发展有助于加剧在财富分配上业已存在的不平等，或者更直接地促成人类生命的毁灭，据说它就是有用的。"我要在此证明哈代错了，要证明科学能够在不造成损害的情况下对人有用。在选择所论述的问题时，我总是把哈代的警告铭记在心。哈代的论断经常是千真万确的，

⬆ 玻尔(Niels Henrik David Bohr，1885—1962)，丹麦物理学家，哥本哈根学派的创始人。

这是一个所有应用科学家都必须严肃对待的警告。

在我的一生中，有三次我所从事的应用研究课题可能哈代会加以反对。在1956年，我帮助设计了一种内在安全的核反应堆，这种反应堆以"特里加"（TRIGA）的名字出售，并且直到今天仍然在生产销售。它大部分被用于医院，产生用于诊断代谢疾病的短寿命同位素。短寿命同位素有许多优点，但是它们必须在使用它们的地方生产出来。反应堆的内在安全基于物理定律，而不是基于机械装置。"特里加"的原型机在圣迭戈的一次公开仪式上向全世界展示出来，伟大的物理学家尼耳斯·玻尔亲自按动开关使它运转起来。在那些日子里，大部分科学家，像玻尔，都认为和平利用核能是为人类造福。虽然核能并不能满足我们的所有愿望，我仍然相信"特里加"是为善的工具，而非作恶的利器。

我参加的另一项工程课题是自适应光学。问题是要设计带有快速控制系统的可变镜片（flexible mirror），以校正由于大气扰动所产生的光学图像变形。自适应光学在原理上能够容许陆基望远镜与空基望远镜同样清晰地看到太空中的天体。不幸的是，同样这一种技术既可以帮助与世无争的天文学家，也可以被

新
科
学
读
本

珍藏版

⬆ 世界上最安全的核反应堆——俄ВВЭР-1000核反应堆

用于军事目的，将激光束聚焦。在我开始研究工作之前，我对于自适应光学的和平与军事用途进行了仔细的研究。我得到这样的结论，军事上的应用只是幻想，而天文学的应用是实实在在的。现在显然我的判断是正确的。自适应光学正在为天文学家所利用，取得了巨大的成功，而激光武器只有在科幻故事与电影中才能见到。（当今，激光武器的关键技术已取得突破，进入了使用阶段，但作者写本文时，这还是一种幻想。）

我最近与数学实际应用有关的工作开始于几年前。问题是帮助柬埔寨、波斯尼亚、安哥拉和阿富汗的人民，在这些国家里，有数以百万计的地雷隐藏在地下，而每年有成千上万的无辜平民与儿童因这些地雷爆炸而致死和致残。这些人民需要价廉轻便的探雷器，便宜到可以大量生产与广泛分发，轻便到可以在没有道路与电力的地方使用。美国陆军愿意提供帮助，但是没有合适的装备。军队的设备太重也太贵，那是为快速清扫雷场以便士兵能够迅速通过而设计的。问题是使得军队的技术适应平民的需要，使之轻便简单。对于平民来说，速度并不重要。

保罗·霍洛维兹（Paul Horowitz）是哈佛的物理学家，也是搜寻来自地球外（extraterrestrial）生命形式之讯息的领导者之一，还是解决地雷问题的负责人。他发明了他称之为灵敏探针的仪器，这是由人们在搜寻地下的地雷时通常所使用的探棍（pointed stick）改造而成的。通常的方法是非常小心地将探棍刺入被埋藏的物体周围，根据形状将地雷与岩石、树根区分开来。

霍洛维兹设计出一种尖端上带有微型声音发射器与接收器的探棍。这个尖端向任何它所触到的物体内部发射出一连串柔和的声脉冲，然后接收反映着物体内在振动的回波。地雷的回波与岩石和树根的回波截然不同。鉴别地雷的过程变得迅速得多，也安全得多。回波甚至能告诉你那是哪种类型的地雷。

在俄国、意大利、中国与美国生产的地雷所产生的回波很容易识别。灵敏探针只消耗非常少量的电力，可以靠电池来工作。霍洛维兹现在正致力于使它

△ 哈佛的物理学家保罗·霍洛维兹

更轻、更结实，以便在野外使用。目的是使它类似于已有的棍形探针，这样已经完全习惯使用棍形探针的人们就很容易学会使用灵敏探针。我很幸运与霍洛维兹一起工作去解决地雷问题。他以一种微小的方式，减轻了滥用科学对人类造成的损害。我相信，如果哈代知道了我们所做的工作，他会为我们祝福。

如何在太空安家

阅读提示

本文选自《太阳、基因组与互联网：科学革命的工具》，覃方明译，三联书店2000年版。

戴森是一位声望卓著的物理学家。这篇文章节选自《太阳、基因组与互联网》一书的序言。那本书探讨的是"科学革命的工具"，但在序言里戴森竟用一半的篇幅谈他的老师哈代及其关于数学的观点，可见哈代对他的影响之深！与哈代《一个数学家的自白》一文两相对照，知道哈代的"自白"中也包含一种"警告"，戴森说"这是一个所有应用科学家都必须严肃对待的警告"。仔细领会哈代的警告，其中包含了科学家内心常会面对的重大问题。你看，戴森内心里就一直在跟他的老师辩驳，并且一直希望能获得老师的首肯，不是吗？

父亲之风

熊秉明

一

若要简单扼要地用一两个词来描写父亲熊庆来的性格，我想可以说："平实，诚笃"。

他的面貌方正，嘴阔，鼻系"悬胆"型，眼睛较细而近视，目光含蓄平和，举止言谈也比较缓慢而持重。我记得很小的时候，他便常训诫我："不要心急，慢慢想解决问题的办法。"因为我生性灵活好动而常显浮躁。

我没有看到他非常地动怒过，或者激烈地表现过欢欣与悲哀。他没有浪漫主义的素质，可以说相反，他厌恶浮夸与虚饰，在把笔起文稿的时候，很费斟酌。

他的要求是文从字顺，精确达意。他的美学原则是从数学来的，推理的缜密和巧妙乃是法语里所说的"优美"（élégance）。他为我们改文章时常说：用字要恰当，陈述要中肯，推理要清晰。

他并不善辞令，至少，我如此觉得。在北京清华大学任教十数年，他一直说着云南话，音调低沉而缓慢。我6岁到北京，他告诉我北方话的特点，举了一个例子："黑板"，"板"字念第三声，拖得很长。这是我唯一听到他所说的北京话。当然云南话很容易懂，他不需要改变自己的腔调去讲课或和人交谈。此外，他好像也没有去学习语调较抑扬的北方话的欲求。云南人说云南话，似乎是十分自然的、本色的，和他的平实诚笃的气质正是一致的。我想他是一个相当典型的云南人，山

▲ 熊庆来的学位照

▲ 云南大学校门

国的人。

待人接物以诚，是他一向为人的原则。外表的浮华、机巧的欺谎、曲折的手腕，都是他所排斥的。学校里建造考究的美国式体育馆，他认为没有必要。他常说巴斯德发现细菌、居里夫妇发现镭，都不是在漂亮的试验室里完成的。

他爱恬淡朴素的生活，不吸烟、不喝酒，不许母亲打牌。这些都不是立意要做自律正严的道学家或者清教徒。他确乎爱恬淡的生活情调。家里的烹调是清淡的家常口味。他的衣着也朴素，但也有一定的考究和大方。室内没有奢侈的陈设。工作之余他爱收藏一些字画，但是并不苦心搜求稀见难得的古董。较古的物件不过是祝枝山的字，何绍基的字而已。他爱齐白石的画，买过10多件。我9岁时，他曾带我去过白石老人家，所以我现在手边还藏有老人那天送我的一幅"雁来红"。其他当代书画家的作品也不少，特别是徐悲鸿的画和胡小石的字，他和他们是多年的朋友和同事。不知名的画家的作品，他见了喜欢，也买，并不只因慕名而收藏。

新科学读本

他自己也写字，亲自为人题婚联、挽联，措辞总求有新意。但机会不多。他的字体开阔平稳，没有外在规矩的拘束，也没有内在情绪的紧张。点画丰润，顿挫舒缓，给人以宽和端厚的感觉，一如他的性格。眼光尖锐的还可以察觉出他对空间的敏感，这一点大概和他的数学训练有关。半身不遂之后，左手握笔难于控制，笔画颤抖，但过去的笔致和结构仍隐隐然可见。

他喜欢京戏，却不常看，若去，必和母亲一道。

诵读古诗是他心情好时的遣兴，也是他失意时的慰藉和支持。1950年他在巴黎，对自己的未来颇多烦扰，正考虑留在法国，重新拾起数学研究工作，说是已想好若干题目可做。不料1951年1月突患脑溢血，引起半身不遂，住入医院。病情稍稍好转时，命我带一册唐诗，放在枕边。我深知那时他的心情是极为低沉的。那些唐诗似乎能够给老人受伤的根蒂带来甘露，其回生的作用和药物相同。有意兴时，他自己也做诗。遣词造句，常见新意。1957年东返后，颇有不少赞扬祖国新气象的咏唱。

诗人中他最爱陶渊明。他喜欢菊花。住清华园西院时，每到秋初，便向学校

清华大学

的花房订十数盆各色的菊花放在石阶的两旁，一两个月，院里充满"秋菊有佳色"的氛围。

菊花

"菊缘"是母亲的名字。他们同年同月生。母亲生于九月九日重阳节，命名从这里来。父亲生于九月十一日，所以一向合并了在一天庆祝生日：九月十日。庆祝的方式其实很简单。头天晚上母亲亲自和面擀面，面粉里不掺水，全用鸡蛋，擀得极薄，切得极匀，放在湿布下，留待第二天用。鸡选上等的，炖出做汤。一家人就在温暖快活的气氛中围桌享用这鸡丝寿面。鸡肉、面条、鸡汤都透着、闪着浅浅的明亮的金色。经过母亲的慈心巧手，使滋味的精美与纯粹升到象征的境地，铭记在我们幼小的心上。我们以为那是人间无上的美味，远远超越一切豪奢的蛮腻。这时

如何在太空安家

清华大学数学楼。1926年，清华学校改办大学，聘请熊庆来创办算学系，任系主任的9年期间，培养了华罗庚、钱三强、赵九章、彭恒武、陈省身、吴大猷等著名学者。

▲ 1920年，熊庆来在马赛大学通过高等物理学考试后留影

父亲便会讲述他年轻时代的生活片断。民国初年学西语，后来到欧洲留学的一些逗笑的趣事。也会讲教学经验中的一些故事。比如刚从欧洲回国到东南大学任教的第一年，他几乎担任系中所有的课程，编所有的讲义。因为当时缺乏师资，更缺乏教科书。而那一年恰好遇到一批出色的学生，每人每次交来的练习必是一整本。一年下来他便病倒了，但他把这些事当做愉快的回忆讲起来。他也会为我们讲到老家祖辈的事迹。可是我们家族的历史只能追溯到曾祖父。曾祖父白手起家，刻苦守信。少年时贩糖和盐在竹园、开远之间，走一日山路，中午只有一包冷饭充饥，靠一枚咸鸭蛋佐味。据说咸鸭蛋也尽量节省。有一次，差不多空了的残壳被风吹走，跑了一大段山坡追回来。

偶然，星期天上午，有兴致时，他会为我们讲一段左传或战国策，或者一节代数几何。学校里的作文发下来，他总带着很大的兴味去看，并说出他的意见。他爱文字的精确。他赞成白话文，但是反对用口语写科学论文。在几何求证里，他认为"如果……则……"优于"要是……那么……"。因为"如果……则……"代表严格的思维方式，不得和"要是下雨，那么我就不去了"的句式相混淆。

显然，这样一种性格宜于做科学研究和教学。他也的确视数学研究为他的本位工作。他以为科学工作获得的真理是客观的，真假差误可以核对，可以用实验证明。行政工作，任劳任怨，而褒贬没有定论。牵涉到政治问题更是利害混入是非，权谋高于原则。在任云大校长的初期，他每周仍兼数小时课。这几小时的数学课，在他是乐趣。但是后来事务太繁，终于放弃。60岁以后，半身不遂，他"重理旧业"，回到数学研究并指导研究生。大概有"终得返故园"的喜悦。那时他写论文用左手，当然写得非常之慢，但他无怨言，自嘲地说："这病不痛而苦。"工作之余常说："不知老之已至。"

二

在他的平实诚笃中，有深厚执著的爱：一是对科学真理，一是对祖国与乡土。

在我懂事之后，看到他两次面临重大抉择，两次都是要他在个人科学工作与为祖国乡土服务之间做选择。每一次，经过反复考虑后，都是后者占了上风。一种来自传统的道德感督促他，在集体潜意识底层使他不宁。"为桑梓服务"在他几乎是一种不可抗拒的声音。但是后来的发展却证明这献身的选择带来重重不幸。

🔺 熊庆来和他的学生们在一起。

1936年，他在清华大学算学系做教授兼系主任。云南大学闹风潮，省主席龙云打电报给他，请他主持云大。那时云南是一个边远难及的省份，去昆明得办护照，绕道香港、越南，然后经滇越铁路到达。在那里办大学，别的不说，单延聘教授一端便十分困难。但是云南是他的故乡，他觉得对那个地方和那地方的青年有一种责任，所以终于决定"为桑梓服务"回去了。他在回去的途中，便发生了七七事变。在抗战期间，负责大学行政很不易。经费拮据是一方面，政治纠纷是又一方面。他这样的科学人才，要应付各式各样的问题，用"鞠躬尽瘁"来描写，并不夸张的。为了教育事业，他献出生命力最充沛的12年。而在抗战胜利后，民主运动最激烈的时刻，他坚决果敢地保护了学生和进步教授。但是后来人们论及他的生平，大都只说他是数学家。这一段艰苦非常的事业极少记述。不仅如此，到了"文革"期间，他受审查，不断写交代，也都因为有这一段经历。

20世纪50年代，他滞留欧洲，患半身不遂。后渐好转，可以行动，可以用左手执笔写字。因为暂时不能归国，决定回到数学研究。但是做了12年大学校长之后，"重理旧业"并不容易。何况抱病？但他的平实诚笃里蕴藏有卓越的毅力，他的研究出了成果，用左手慢慢一个字、一个字写出来的文章，连续在法国科学院杂志中发表，并且完成了一本书编入法国数学丛书。这时国内号召知识分子回国服务，使他又一次面临个人科学工作与为祖国服务的选择。那时我在欧洲学

新科学读本

珍藏版

▲ 熊庆来在云南大学内的旧居

习，侍奉在侧，看到他犹豫彷徨的痛苦。我那时年轻，当然是主张他回去的。我以为他这样的科学家一定会受到重视，而以他的爱国热忱和质朴的性格，也一定不会受政治的迫害。回去后，国家的新局面使他振奋，他一心想在晚年通过教学工作作出贡献，指导研究生之外，自己发表了不少数学文章。但不及10年便发生"文化大革命"，科研的成就转为罪状："反动学术权威"。大学校长任内的工作也成为交代不完的旧账。终于经不起肉体上以及精神上的种种折磨，于1969年2月3日逝世。1978年中国科学院落实知识分子政策，父亲被列入第一批平反昭雪的名单，1978年灵灰放入北京八宝山革命公墓。

我于1979年回到北京。一日，母亲以凝重的神情要我看一看父亲最后的手迹。于是闩上房门，小心翼翼地从箱底取出一大包旧纸。打开来，那是父亲在"文革"期间用左手所写的交代文字。我在巴黎时看他每日每晚用这种压入纸面的沉重然而不稳的笔画写数学论文，再见这字体，当然亲切熟悉，然而这里写的不是数学文章，而是早请安（示）、晚汇报的记录，共计三四百页。我顿时觉得眼的辛辣，心的绞痛。母亲无语，端坐在一旁。我知道她就如此在深夜陪伴老病的父亲挣扎着写这些虔诚的汇报。她似乎从那时起一直如此端坐着。她静静等待我的阅读，等待我明白什么。我的眼睛早已模糊，早已读不下去，但是我不敢动，也没有话可说。这是一个怪异的仪式。空气中凝聚着令我恐惧的母亲的严厉和悲哀。我不记得这仪式进行了多少时候。现在回想，似乎在那一间科学院宿舍的昏暗的屋子里，母亲仍端坐在那里，我仍坐在那里，母亲就像鲁迅《铸剑》里所描写的："……母亲就坐在灰白色的月影中，仿佛身体都在颤动……两眼发出闪闪的光芒。……'听哪'，她严肃地说，'你的父亲……'"而我的母亲什么也没有说。

三

1893年，他生在云南省弥勒县息宰村。村子甚小，当时大概不到50户人家。虽坐落在盆地的平原（坝子）上，但距县城有两天的路，距滇越铁路的开远车站也有一天山路，实在可说是偏远闭塞的。

坝子气候炎热，以产甘蔗著称，也多玉米，稻田反较少。甘蔗、玉米都是高型作物，从高处远望，给人以庄稼丰盛的感觉。父亲常说，稻田像水彩画，甘蔗田、玉米田像油画，我们的家乡是一幅油画。

直到十二三岁，他就在这村子的私塾里念子曰诗云。像他这样笃实的人很可能被旧式教育的思想所框限，然而并没有。那子曰诗云为他建立了做人的基本间架，但并没有在他作为科学家、爱国主义者的道路上竖起什么障碍。

15岁，他到昆明。考入英法文专修科，开始接触到西方文化。辛亥革命成功，他18岁，属于被建设国家的狂热鼓荡的一代。次年，像其他各省一样，云南省也选拔留学生到欧美留学。他考取赴比利时学矿，目的当然在学成后回到矿产丰富的云南兴建实业。但是到比国的第二年欧战便爆发。他经荷兰、英国到巴黎，矿业学校因总动员关闭，巴黎大学仍上课，他转学数学。他讲起这一段往事，常说他学数学是相当偶然的。

他留学法国八年，1921年东返。在这八年中除了专业学习之外，当然无形中受到西方文化的熏陶。欧洲的科学在此时沿着19世纪的成就突飞猛进。法国大数学家曾旺卡烈（Poinlarc）方逝世（1912年）。巴斯德逝世（1895年）不到20年，其声望与精神仍产生巨大的影响。居里夫妇发现镭而获诺贝尔奖。在这些科学成就的后面有一种深厚的人文主义为背景。这人文主义也许是父亲

▲ 法国微生物学家、化学家，近代微生物学的奠基人巴斯德（Louis Pasteur, 1822—1895）

● 巴斯德用于说明空气中充满可引起腐败的微生物所用的一个封闭的玻璃瓶。

深受熏陶而不自意识的，但是从他给我们所讲的一些故事中流露出来。

他常要讲起巴斯德。下面的故事我从小听过许多次，要了解他，我必须把这些故事重述在这里。

18世纪法国南部蚕业很繁荣，可是1859年发生一次大蚕瘟，甚至蔓延到南欧各国以及近东，蚕业濒于绝境。化学家杜马是巴斯德的旧师，推荐巴斯德研究此问题。巴斯德果然找出蚕瘟的细菌，并找到消灭瘟菌的办法。法国蚕业得以迅速恢复。

约在同一时期，法国酿酒商也提出他们的问题来。传统酿酒的方法是不可靠的，往往有大量果汁莫名其妙地不发酵，造成巨大损失。经巴斯德研究，发现了酵母菌的作用，并且掌握了发酵现象的规律，法国造酒业也因此得到飞跃的发展。

1870年普法战争，法皇拿破仑第三被俘，法国惨败。普鲁士索战债50万万法郎。据估计在这一笔债务的重担下，法国将长期挣扎不起来。不料由于法国蚕丝业、造酒业的兴旺，这巨额竟在一年中全数付清。当然巴斯德的重要发现远不限于解决养蚕、酿酒的问题，也不是50万万法郎所能估计得了的。人类与疾病的斗争，由于细菌的发现，进入了全新的阶段。

巴斯德晚年，1884年到丹麦哥本哈根演讲，普鲁士王威廉第二尚是25岁的王子，也在前排贵宾之列。演讲后，主席为巴斯德介绍在座贵宾时，到了威廉第二，故意回避过去，因为他知道巴斯德是极爱国的。普法战后，两国仇恨很深，介绍了，双方都会感到窘促。但是这时威廉第二自动走上前去说："我要向一个为人类创造幸福的人致敬。"巴斯德所做的，不止偿还50万万法郎战债，而且争回国家的骄傲。

而巴斯德的父亲所期望于儿子的是当一名中学老师。他曾是拿破仑军队的低级军官，解散后，在法国东部茹老山阿尔波亚小城里做制革匠。他对儿子说："啊，要是你能在阿尔波亚当上中学教员，我就是世上最幸福的人了！"他是一个很好学的人。1876年《关于啤酒的研究》的扉页上，巴斯德写着："纪念我的父亲"。又附加这样的话："随着年龄的增长，我更懂得你朋友般的慈爱和优越的理性。我过去研究的成果都来自你的榜样和你的忠告。为了珍惜这虔诚的记忆，把这一著述献给你。"

关于巴斯德，他还讲过许多动人的故事，我不能在这里多记。总之，在乡村私塾里吸收的传统精神和在西方接受的启蒙思想、人文主义都融为他人格中活泼有生命的成分。他讲巴斯德的故事，阿基米德、伽利略、牛顿的故事，一如他讲《左传》、《战国策》，给我们幼小的心惊讶和启发，似乎在未来生命的海洋上看到有隐约的航线。

🔻 熊庆来为云南和顺图书馆的题词。

父亲有深厚执著的爱——对科学真理，对祖国乡土。他没有宗教信仰，但他不硬性阻止母亲念佛，供一座白瓷观音。关于信仰，巴斯德曾说："我们内部有两个人，一个是理性的。他要清除一切成见旧说，通过观察、实验和严格推理来了解自然。一个是情感的。他为亲人的死亡而哭泣，他无法证明他能够或者不能够和逝者再见。然而他相信而且期盼。目前人类的知识尚太粗浅，理性和感情是截然不同的领域，两者相牵涉是不幸的。"

我以为父亲也如此。理性的信念和感情的热爱是并存的。两者并无冲突，他也不勉强把两者凑合为一个统一的思想体系。但是实际生活中，他都被迫选择其一，而结果是两边都受到损失。晚年，他被扣上"反动学术权威"的帽子，谦逊勤恳从事的科学工作被否定，对祖国与乡土的近于本能的热爱也遭践踏，生命的根柢被翻掘出来受斫伐，心身性命的活源被堵死。那时他已年过七十，半身不遂，又患糖尿病和其他老人病症，仍被拉去开斗争会，母亲提了尿壶扶他同去，夜里还要勉力写交代，无怪他活不过"文革"。"文化大革命"使中国回到伽利略的世纪去。

他属于近代中国启蒙的第一代科学家，在五四"科学与民主"的口号下从

▼ 熊庆来在家中。

事科学的，但是他们没有大声疾呼"科学如何如何"，他们默默耕耘，实实在在为中国科学奠下基石。1921年他从法国东返，南京东南大学创办数学系，他被聘为数学系教授和系主任。1926年清华改办大学，又被聘为算学系教授兼系主任。他们是拓荒者。他讲起全国第一次数学名词审查会是很有趣的。时间大概是1923年。要讨论的是一些"函数"、"积分"等最基本的译名。有陈建功、姜立夫等先生在杭州西湖上雇了一条船泛舟讨论。以上的细节我的记忆可能有误，但我要说的是：他们那一代的中国数学工作者，就是一条西湖的小游艇可以载得起的。

我没有学数学，走了文艺哲学的道路，但我能感觉到父亲的数学是美的。他常说"优美的推导"，"洗练的数学语言"。而且也是善的。我记得他在学生的练习簿上写的优等评语是"善"。

我想起近代著名法国美术史家弗尔（E.Faure）讲到他的父亲时说的话："是他在不自意识中教给我：在最深刻的政治和哲学的革命中，我们的道德力总是不变的，它永远是它自己，变的只是托辞和目标。"我以为，在父亲那里，潜在着

云南风光

如何在太空安家

这样的道德力，但是我不愿称为"道德力"。它绝非教条。它是尚未形成体系的信念，是一种存在的新鲜跳动的液体状态，生命的活水。他曾讲到范仲淹《严先生祠堂记》结尾的歌："云山苍苍，江水泱泱，先生之风，山高水长。"他说，"风"字原作"德"，一字之易，旨趣效果大为不同。"德"字含义太落实；"风"字的意味广阔悠远。"德"字局限于善，只评及德行；"风"则把善与真与美都纳入其中了，范畴尚未分化，一个字把全篇描述点化为一幅气韵生动的画像，而人物的画像复扩展而融入山水天地之间。我以为父亲的道德力是这样一种浑噩的、基本的、来自历史长流的、难于命名的风。在那里，理性与信仰的冲突，传统与革命的对立，中西文化的矛盾，玄学与反玄学的论战，借用维根斯坦的话说，都是"语言的纠纷"。生命的真实在这一切之上，或者之下，平实而诚笃，刚健而从容，谦逊而磅礴地进行。

 **阅读提示**

本文选自《永远的清华园》，北京出版社2000年版。

作者的父亲是著名的数学家熊庆来先生，作者自己是著名画家。这篇文章写得文情并茂，读罢当掩卷长思。好好体会标题里的那个"风"字，那是中国文化传统里的一种既无形又具体的东西，只是不知今日是否还可见到？

Chapter 3

三 绿化银河

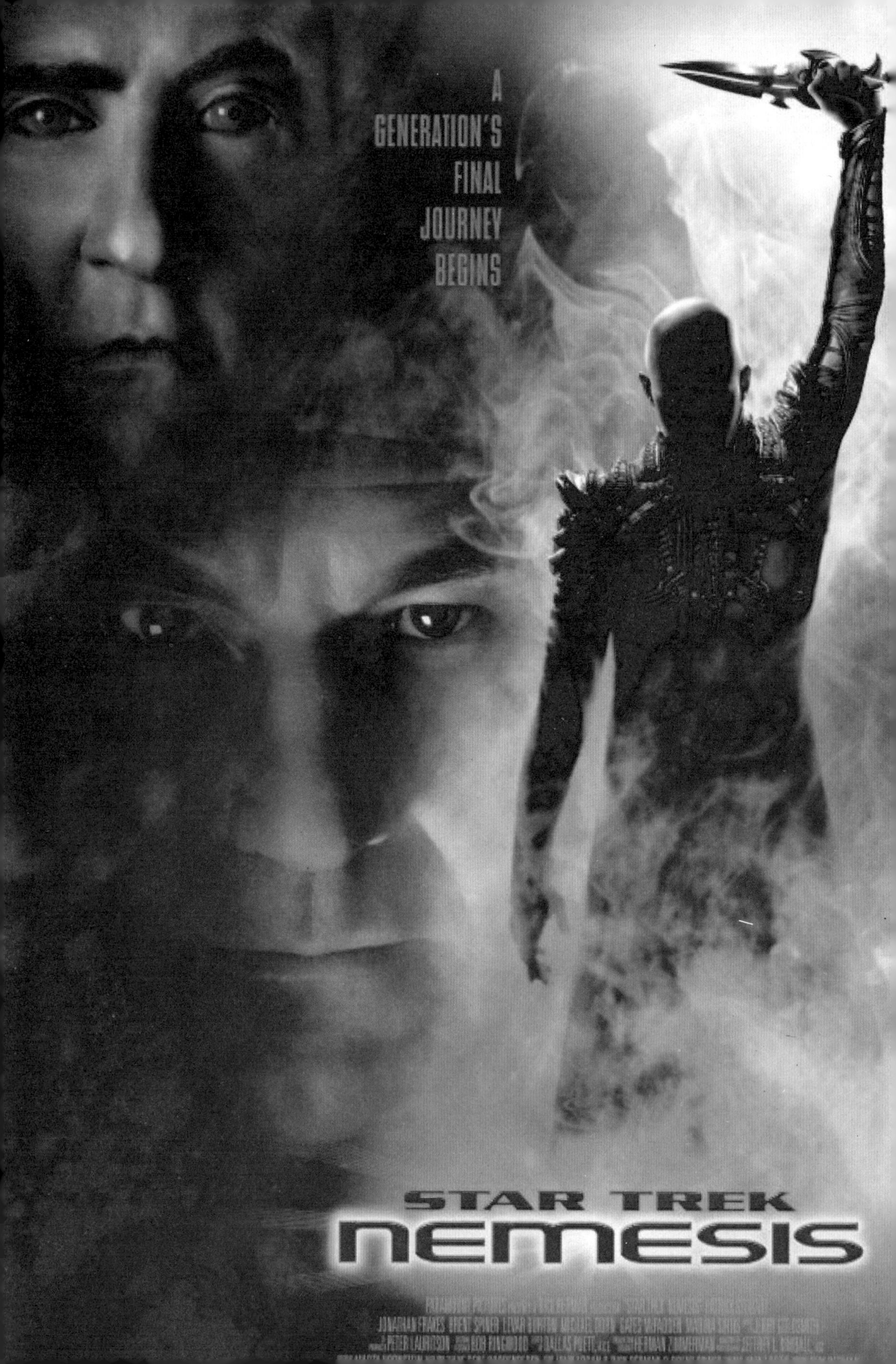
A
GENERATION'S
FINAL
JOURNEY
BEGINS
STAR TREK
NEMESIS

想象与变革

[英] 霍 金

  我今晚所要讲的主题，是未来一千年中的科学。每天晚上，在像《星际旅行》这样的科学幻想电视系列节目中，都播映关于未来的科学的通俗影片。他们甚至说服我也来参加，但这似乎并不很困难。

  [放映《星际旅行》的剪辑]

 ▲ 《星际旅行》海报

  由于身处"紧急戒备"状态，我从来没有去取我的奖金。我曾与派拉蒙制片厂联系，但他们不知道兑换率。

  《星际旅行》这部片子演得很有趣，但我播放它却是为了一个严肃的目的。从H.G.威尔斯开始，我们所看到的几乎所有关于未来的想象，在本质上都是静态的。它们所表现的社会，大多在科学、技术和政治体制方面都远比我们的社会要先进。（这最后一点也许并不那么困难。）在现在和未来之间，必定会有巨大的变革，并伴随着局势的紧张和混乱。但在此之前，我们所看到的未来的科学、技术和社会组织，都被假定是达到了接近完美的程度。

我要对此图景表示怀疑，并就我们是否将达到科学和技术的一种最终的稳态提出疑问。在自从最后一次冰川期以来一万年左右的时间中，人类从来就不曾处于一种知识永恒、技术不变的状态。曾经有过不多几次的倒退，例如像在罗马帝国崩溃后的黑暗时期，但是，除了像黑死病之类少数几次暂时的下降之外，作为维持生命和养育自己的技术能力之衡量的世界人口，却在稳定地增长。在过去200年中，这种增长呈指数型，也就是说，人口每年以相同的百分比增长。目前，一年的增长率大约是1.9%。1.9%可能听上去不是很大，但它意味着世界人口每40年就要翻一番。作为近来技术发展的另一衡量是电力的消费，或科学论文的篇数。它们也表现出每40年翻一番或稍少些的指数增长。实际上，我们现在具有期望之高，以至于一些人觉得受到了政治家和科学家的欺骗，因为我们还没有实现关于未来的乌托邦式的幻想。例

△ 斯蒂芬·霍金

如，在影片《2001年》中，就向我们展示了月球上的基地，以及发射一艘前往木星的载人——也许我应该说是个人的——飞行器的情形。不论谁当选，我都无法想象我们在未来3年中能做到这一点。

没有什么迹象表明在不远的将来科学和技术的发展将变缓和停止。显然，到只有300光年之遥的星际旅行的时代不会如此。但在下一个一千年中，目前的指数增长也不会继续下去。到2600年，世界上的人们将摩肩接踵，电力的消费将使地球烧得通红。

▲ 或许UFO上真的有外星人，而政府却掩盖此事，我还是不做评论为好。

如果你把新出版的书籍一本接一本地排列起来，你得以每小时90英里的速度移动才能跟上队尾。当然，到2600年，新的论文和科学著作将不是以实物的书籍和论文而是以电子的形式出现。然而，如果指数的增长继续下去，在像我所在的这种理论物理学领域，每秒钟将有10篇论文问世，而人们则没有时间去读它们。

　　显然，目前的指数增长不可能无限地继续下去。那么，将会出现什么样的情形呢？一种可能性就是，由于某种像核战争这样的灾难，我们将自己彻底消灭。有一个令人不快的笑话，说我们之所以没有与外星人接触，原因在于当一个文明达到了我们的发展阶段时，它就会变得不稳定并摧毁自身。当然，就像许多人相信的那样，或许在UFO上真的有外星人，而政府却掩盖此事。我还是不做评论为好。

　　就个人来说，关于为什么我们没有与外星人接触，我相信有一种不同的

剑桥大学三一学院的一间小阁楼，传说霍金在此写成了名著《时间简史》。

解释，但我不想在这里谈它。不过，就算不考虑这个问题，仍然存在我们将毁灭这个星球上的一切的非常真实的危险，我们拥有做到这一点的技术力量。即使我们没有彻底摧毁自己，却仍有这样一种可能性，即我们可能沦落到一种野蛮的状态，像在《终结者》一开始的场景中那样丧失人性。

"薛定谔的猫"是薛定谔设计的一个关于量子理论的理想实验。

但我是一个乐观主义者。我认为，我们有充分的机会来避免世界末日的善恶大决战和新的黑暗时期。

那么，我们在下一个一千年中将如何发展科学和技术呢？这是一个很难回答的问题。请允许我冒险地提出我对未来的预测。对于下一个一百年，我将有一些机会是正确的，而关于下一个一千年的其余部分，就将是异想天开的遐想了。

大约与欧洲人移民北美同时，我们对科学的现代理解也开始了。1687年，在剑桥的第二任卢卡斯教授伊萨克·牛顿发表了他关于引力的理论；1864年，另一位剑桥的绅士克拉克·麦克斯韦发现了支配电和磁的方程。到19世纪末，利用我们现在所谓的经典定律，似乎我们就要达到对宇宙完备的认识了。这样的看法与常识性的观念相一致，即诸如像位置、速度和旋转速率这样的物理量应该是定义明确且连续可变的，但常识只不过是我们所具有的偏见的别名而已。常识可能会使我们预期像能量这样的量是连续的。但是，自从20世纪初，观察开始表明，能量是以被称为量子的能包存在的。看来，自然是颗粒性的，而不是连续的。

在20世纪初期，人们系统地提出了一种被称为量子力学的新理论。量子理论是一种关于实在的完全不同的图像，因而虽然它应该使所有的人都关注，却在物理学和化学界以外几乎不为人所知，甚至在物理学和化学界的许多人也没有恰当地理解它。然而，如果基础科学像我所希望的那样成为一般知识的一部分的话，那么，目前作为量子理论悖论而出现的东西，对于我们孩子们的孩子们来说，就将只不过是常识而已。

在量子理论中，事物并不像我们今天的常识所表明的那样，具有单一明确的历史。与此相反，事物具有所有可能的历史，各自有其概率。肯定有这

新科学读本

珍藏版

🔺日全食。爱因斯坦预言，光线在经过质量巨大的物体所造成的引力场时会发生弯曲。在日全食发生时可以对这一预言进行观测。

样一种历史，在其中芝加哥俱乐部队赢得了世界系列赛，尽管这样的概率很小。不过，对于像棒球赛这样大尺度的系统来说，概率通常围绕着一种单一的历史达到峰值，从而不确定性很小。但当人们进入单个粒子的小尺度范围时，不确定性就变得非常之大了。例如，如果人们知道一个粒子在某一特定时刻处于A点，那么，在更大的时间范围，这个粒子可以处在任意的地方，因为它可以具有任意的路径或历史。为了要计算它处在B点的概率，人们必须把它从A到B走过的所有路径或历史的概率相加。这种对所有可能的历史求和的观点，要归功于美国物理学家、昔日的邦戈鼓演奏者理查德·费恩曼。

粒子可能的历史，必须包括以超光速运行的路径，甚至包括在时间中倒退的路径。在任何人匆匆跑去为时间机器申请专利之前，请允许我说，至少在通常的情况下，人们不可能把这种方法用于时间旅行。然而，在时间中倒退的路径并非只像在"针尖上跳舞的天使"，它们具有实在的可观察后果。甚至我们认为是空无一物的空间，也充满了在空间和时间中以封闭圈运动的粒子。这就是说，它们于圈的一侧在时间中向前运动，而于圈的另一侧在时间中向后运动。这些封闭圈被说成是虚粒子，因为不可能用一个粒子探测器直接地测量它们。但是，可以间接地测量它们的效应。一种办法是用两张紧靠在一起的金属板。金属板的作用，是要在两板之间的区域里，相对于外部封闭圈的数目，稍许把封闭圈的数目减少一些。这样，相对于打在内侧的封闭圈，将有更多的封闭圈打在金属板的外侧并反弹。由此，人们预期将存在一个很小的力，把金属板向一块推。这种力由土耳其物理学家亨德里克·卡西米尔最先预言，它已经在实验中被观察到。因此，我们可以肯定封闭的粒子圈真实地存在。

棘手的问题是，由于在空间和时间中有无限数目的点，所以存在有无限数目可能的粒子的封闭圈。在对两板之间的力的计算中，这种无限的数目并不要紧，因为在两板之间和两板之外它们的数目都是无限的。有一种明确规定的方法，人们可以利用它将一个无限大从另一个无限大中减去，并得到一个有限的答案。这有点像美国的预算。政府的税收和开支都是非常大的款项，差不多就是无限。但如果一个人很细心的话，他就可以从一项中减去另一项，并算出一小笔盈余，至少在下一次大选之前是这样。

不过，封闭圈的无限数目带来麻烦，是在人们试图把量子理论与爱因斯坦的广义相对论结合起来的时候。这是20世纪上半叶另一场伟大的科学革命。这就是说，常识曾告诉我们大地是扁平的，但空间和时间并不像这般平

直。相反，它们因处在其中的物质和能量而被弯曲和变形。无限数目的粒子的封闭圈将具有无限的能量，并把空间和时间卷曲到一个奇点。

为了处理这种无限的能量，需要某种真正有创造性的计算方法。关键的概念是自然界中一种新的平衡或者说对称，它被称为超对称，在1971年由戈尔凡和莱特曼这两位俄国人最先提出。这种观点就是，除了我们所熟悉的空间和时间的普通维度之外，还用所谓的格拉斯曼数来度量的额外维度。当然，多年来科幻小说一直告诉我们说存在有额外维度。但即使科幻小说也没有想到过任何像格拉斯曼维度这样奇异的（odd，奇性的）东西。在这里，"odd"（奇异的，奇性的）一词除了奇异的这种通常含义之外，还有技术性的用法。普通的数被说成是偶性的，因为它们与人们将其相乘的顺序无关。4乘6等于6乘4。但格拉斯曼数在这样一种意义上是奇性的：x乘y等于负的y乘x。

这些额外奇性的维度的存在说明，所有种类的粒子都有相应超伴的类。

超伴种类的粒子也将具有封闭的粒子圈，但超伴粒子的能量将有与那些原来种类粒子的能量相反的符号。这样一来，无限的能量就常常会相互抵消。不过正像总统所了解的那样，平衡预算是一件需要非常精心处理的事务。即使人们消除了主要的赤字，较小的赤字也总是烦人地出现。在过去20年中，理论物理学中很大一部分工作，就是寻找一种在其中彻底消除无限的理论。只有这样，我们才能把量子理论与爱因斯坦的广义相对论统一起来，并得到一个关于宇宙的基本规律的完备理论。

有希望出现的情况是，在下一个一千年中，我们将发现这种完备的理论。我想说这种理论会是十分出色的，但这是因为我是一个乐观主义者。在1980年我就说过，我认为在随后的20年中，我们发现一种完备的统一理论的机会是一半对一半。在从那时起的这段时间中，我们有了一些重要的进展，但最终的理论似乎还是那么遥远。难道物理学的圣杯将总是让我们可望而不可即吗？我想不是这样。20世纪初期，我们认识了自然界在经典物理学尺度上的运作机制，经典物理学在小到百分之一毫米的范围是正确的。在本世纪的前30年，关于原子物理学的研究使我们认识了小到百万分之一毫米的尺度。从那时起，对原子核和高能物理学的研究将我们带向的尺度要比原来尺度的十亿分之一还小。看来似乎我们可以永远不断地发现在越来越小尺度上的结构。然而，对于这个系列，存在有一个极限，就像在一个套一个的俄罗斯玩偶的系列中有一个终点一样。最终，人们会发现一个不可再拆卸的最小的玩偶。在物理学中，最小的玩偶被称为普朗克长度，它是把一毫米分成10亿亿亿亿份。我们不会建造用来探索这样小距离的粒子加速器。这样的加速器肯定比太阳系还要大，而且在目前的财政状况下不大可能被批准。然而，我们的理论的一些推论可以用远为更适度的机器来检验。显然，这些推论中最重要的是超对称。对于大多数将爱因斯坦的广义相对论与量子理论统一起来的努力，超对称是基础。它将通过对我们已知粒子的超伴的发现而得到证实。在得克萨斯曾建造超导超级对撞机，此机器将达到人们对超伴所预期的能量。然而，美国经历了突然没有钱的感觉，中途取消了这一计划。虽然是冒着带来尴尬的风险，但我不得不说，我认为这是一个非常短视的决策，并希望美国以及其他国家的政府在下一个一千年中能做得更好些。

我预期，超对称最终将由在日内瓦的欧洲核子研究中心的实验所证实。但是，在实验室中对小到普朗克长度的范围进行探索是不可能的。我们可以通过研究大爆炸，来获得比在地球上可以达到的更高能量和更小尺度的观察

▲ 俄罗斯玩偶系列，又称套娃

证据。然而，在更大的程度上，我们不得不依赖于数学的美和一致性来发现关于万物的最终理论。无论如何，我确信，到21世纪末，也许可能更早些，我们就将发现这种理论。我愿以一半对一半的赔率打赌，认为这种理论将在从现在开始的20年内出现。

《星际旅行》对于未来的想象是，我们达到一种先进但在本质上静态的水准，就我们关于支配宇宙的基本规律的知识来说，这倒可能成为现实。但在我们对这些定律的利用方面，我并不认为我们将达到一种稳态。最终的理论将不会给我们能够制造的复杂系统带来限制，我认为，在下一个一千年中最重要的发展就在这种复杂性中。

显然，我们所拥有的最复杂的系统就是我们自己的身体。生命似乎是起源于40亿年前覆盖地球的原始海洋。我们不知道这是怎样发生的。也许在原子之间随机的碰撞造成了可以复制自身并把自己装配成更复杂结构的大分子。我们所知道的是，到35亿年前时，高度复杂的分子DNA出现了。DNA是地球上所有生命的基础，它有一种双螺旋的结构，就像一个螺旋形的楼梯。1953年弗兰西斯·克里克和詹姆斯·沃森在剑桥的卡文迪许实验室发现了这种结构。就像在螺旋形楼梯中的踏板一样，一些核酸对把双螺旋的两条链连结起来。存在有四种核酸。我不想读出它们的名字，因为我的语音合成器会把它们读得一团糟。显然我的语音合成器不是为分子生物学家设计的。但我可以用它们的第一个字母C，G，A和T来指称它们。不同的核酸沿螺旋楼梯的顺序携带着遗传信息，这种信息使DNA分子能在其周围组装有机体并拷贝自身。当DNA拷贝自己时，在核酸沿着螺旋的顺序中会出现偶然的错误。在大多数情况下，拷贝中的错误会使DNA不能复制自身。这种遗传的错误，或者说即所谓的突变，将会逐渐消失。但在少数情况下，这种错误或突变将增加DNA幸存下来并复制自身的机会。这种对突变的自然选择最先在1857年由另一位剑桥的人士查尔斯·达尔文提出，尽管他当时并不知道其机制。这样，在核酸序列中信息的内容将逐渐演变并增加复杂性。

由于生物的进化基本上是在所有遗传可能性的空间中的一种随机游动，

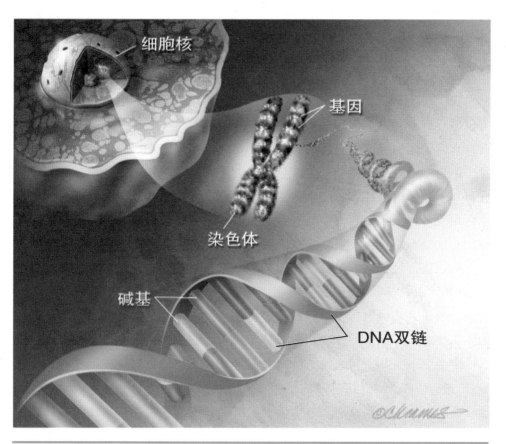

细胞核

基因

染色体

碱基

DNA双链

▲ DNA分子的双螺旋结构模型

如何在太空安家

达尔文故居党豪斯的温室。达尔文在温室中栽培着从赤道和南半球带回来的各种植物。生存环境的改变，使这些植物发生了形形色色的变异。

所以进化是非常缓慢的。复杂性，或者说在DNA中被编码的信息片段的数目，大体上是由分子中核酸的数目所决定的。每个信息片段都可以被看做是对一个是非问题的答案。在前20亿年左右的时间中，复杂性的增长率必定具有每百年一个信息片段的数量级。在随后的几百万年中，DNA复杂性的增长率逐渐上升到大约每年一个信息片段。但是，现在我们处于一个新时代的开端，在这个新时代，我们将能够增加我们DNA的复杂性而不必等待缓慢的生物进化过程。过去一万年里，在人类DNA中没有什么重大的变化。不过，在今后100年中，很可能我们将能够彻底地重新设计人类的DNA。当然，许多人会说，用于人类的遗传工程应该被禁止。但我却怀疑他们是否能够阻止这种遗传工程。出于经济的原因，用于植物和动物的遗传工程会得到允许，一些人必定会尝试将其用于人类。除非我们有一种集权的世界秩序，否则在某些地方一些人就会计划改良人类。

显然，就未被改良的人类来说，发展改良了的人类将带来巨大的社会和政治问题。我并非在鼓吹人类基因工程是一件好事。我只是说，不论我们愿意与否，它很可能在下一个一千年中出现。这就是为什么我不相信像《星际旅行》这样的科学幻想的原因，因为在那里，未来400年的人类在本质上还是一样的。我认为人类，以及人类的DNA，将很快地增加其复杂性。

在某种程度上讲，如果人类要应付周围日益复杂的世界，并迎接像太空旅行这样的新挑战，就需要改进其精神和肉体的品质。如果生物系统要领先于电子系统，它也需要增加其复杂性。目前，计算机具有速度的优势，但它们没有表现出智能的迹象。这并不令人惊讶，因为我们目前的计算机的复杂性还不如蚯蚓的大脑，而蚯蚓这个物种并不因其智力而知名。但计算机遵循由英特尔公司的戈登·摩尔提出的摩尔定律。这个定律说，计算机的速度和复杂性每18个月翻一番。这是那些显然不会无限继续下去的指数增长中的一种。不过，它可能会继续到计算机具有类似于人脑的复杂性的时候。有些人说，计算机不管可能会是什么样子，都永远不会表现出真正的智能。但在我看来，如果非常复杂的化学分子可以在人类的身上活动并使人类变得有智能，那么，同样复杂的电子线路也可能会使计算机以一种有智能的方式来行事。如果计算机是有智能的，那么它们就有可能设计具有更高的复杂性和智能的计算机。

这就是为什么我不相信关于一个先进但却恒定的未来的科

《星际旅行》海报

新科学读本

珍藏版

△ 霍金在香港大学做完讲演后和女儿的合影。

幻影片的原因。相反，我预期，不论在生物领域还是在电子领域，复杂性都迅速地增加。这里所讲的大部分情形在今后100年中都不会出现，而这就是我们可以有把握地预言的全部。但到下一个一千年的终了时，如果我们能到达的话，变革就将是根本性的了。

林肯·斯蒂芬斯曾说过："我看见了未来，它在运行。"他实际上是在谈论苏联，而我们知道苏联过去运行得并不理想。无论如何，我认为目前的世界秩序拥有一个未来，但那将是非常不同的未来。

总统先生，第一夫人，这就是我对下一个一千年中的科学的看法。

阅读提示

选自《美国白宫千年晚会演讲选集》，刘兵译，吉林人民出版社2000年版。

这篇文章是霍金1999年在美国白宫的演讲，展望自21世纪开始的一千年的科学。追随他放眼未来是动人心魄的，但他那言简意赅的回顾部分却也千万不要错过哦（借用了一句广告词）。读不懂也别发怵，霍金《时间简史》中译本的广告词（又借用一句！）不是说了吗："读霍金，懂与不懂，都是收获！"何况这篇文章其实并不难懂。演讲词嘛，太深了，克林顿不是也听不懂了吗？

漂泊者

[美] 萨 根

> 但是请告诉我，这些漂泊者是谁……
> ——里尔克（Rainer Maria Rilke），《第五哀歌》，1923

从一开头，我们就是漂泊者。我们知道在160千米（100英里）之内每棵树的位置。当果实成熟时，我们就在那里。牲畜每年迁徙，我们都跟着走。我们高兴地品尝新鲜肉食。我们中间少数人合作，靠密谋、伪装、伏击和全力进攻，完成了多数人靠单独狩猎办不到的事情。我们相互依赖。想象起来，靠我们自己单干，就和定居一样，是荒唐可笑的。

我们联合起来，保护孩子们不受狮子和狼群的侵袭。我们教会他们所需

如何在太空安家

的技能和使用工具。那时和现在一样，技术是我们生存的关键。

每当持续干旱，或者在夏日天气仍令人不安地寒冷，我们便成群地迁徙——有时走向未知的土地。我们寻找更好的地方。当小小的游牧群中跟别人合不来时，我们便离开，在其他地方寻求比较友好的团伙。我们随时都可以再从头干起。

自从人类出现以来，在99.9%的时间里我们都是猎人和粮秣征集员，也是在沙漠与草原上的流浪汉。那时没有边防卫士，也没有海关官员。到处都是待开发的土地。约束我们的只是大地、海洋和天空——加上偶尔碰到的粗暴邻居。

在气候惬意食物丰盛时，我们愿意定居下来。这时不再担风险，出现了优势，也不必谨小慎微了。在最近1万年间——这在我们的漫长历史中只是一瞬间——我们已经放弃了游牧生活。我们已经栽培植物和驯养动物。在你能够轻易取得食物的时候，又何必去追捕猎物呢？

虽有种种物质利益，定居的生活仍使我们感到不安和不满足。无论在农村还是城市，甚至在400代人之后，我们也不能忘怀过去。广阔的道路像一首几乎被人遗忘的儿歌那样，仍在柔情地召唤。我们怀着某种幻想，开发遥远的地方。我觉得，由于自然淘汰，精心培育起来的对事物的好奇心已成为我们赖以生存的基本要素。漫长的夏季、温暖的冬天、丰硕的收成、充足的猎物——哪一样都不能永久存在。我们没有能力预测未来。灾难事件惯常在我

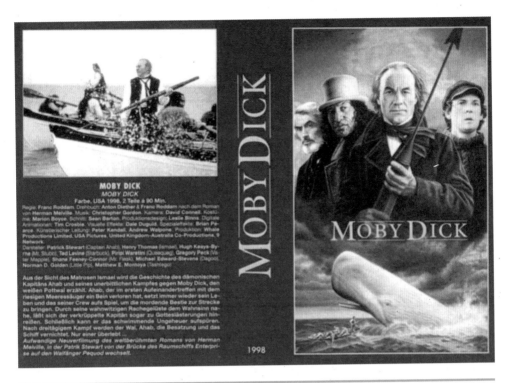

根据小说白鲸拍摄的电影。MOBY DICK是这头白鲸的名字。

们不知不觉之中，偷偷地袭击我们。你自己的、你所在的群体的，甚至你的种族的生活，可能全靠少数不守本分的人来决定，被一种他们难以说清或理解的渴望，吸引到未曾发现过的土地或新的世界。

梅尔维尔（Herman Melville）在长篇小说《白鲸》中，代表古往今来和四面八方的漂泊者谈到："一种对远方事物的永恒追求使我苦恼。我喜爱去非常凶险的海洋航行……"

对古代希腊人与罗马人来说，已知的世界包含欧洲以及被缩小了的亚洲和非洲。环绕它们的是一个不可逾越的世界海洋。外出旅行可能遇到被称为野蛮人的劣等人，或遇到被叫做神的优等生灵。每棵树都有它的精灵，每个地区各有其传奇英雄。但是神灵并不太多，至少在早先大约只有几十个。他们住在山间、地下、海中或天上。他们向人们传送信息，干预人间事务，并与人生育儿女。

随着时间的流逝，人类探测的能力大幅度提高，于是令人惊奇的事情出现了：野蛮人完全能够和希腊人、罗马人同样聪明。非洲和亚洲比以往任何人想象的都要大。世界海洋并非不可逾越。对蹠人是有的。存在三个新的洲，它们在古代就有亚洲人居住；而这些情况欧洲人从不知道。还有，令人失望的是，神灵难以找到。

人类从旧世界向新世界的第一次大规模迁移，大约出现在11500年前的最后一次冰期。当时极区冰盖扩大，导致海洋变浅，于是人们可以在陆地上从西伯利亚走到阿拉斯加。1000年之后，有人到达南美洲的南端，即火地岛。远在哥伦布之前，印度尼西亚的英勇移民就驾着有桨的独木舟探测西太平洋；婆罗洲人移居马达加斯加；埃及人和利比亚人环绕非洲航行；而来自明代中国的一支庞大的远洋帆船队在印度洋往返航行，在桑给巴尔建立一个基地，绕过好望角，并进入大西洋。从15世纪到17世纪，欧洲的帆船发现新大陆（对欧洲人来说，无论如何也是新的），并环绕地球航行。在18世纪和19世纪，美国与俄罗斯的探险家、商人和移民，分别向西和向东跨越两个大洲，争着奔向太平洋。无论当事人可能是如何轻率无知，这种探险与开发的热忱具有明显的存在价值。它并不局限于一个民族或种族。它是全人类所有成员共有的天赋。

自从几百万年前人类首次在非洲东部出现以来，人们已经漫游到地球各处。现在到处都有人烟：在每一个洲，在最遥远的岛屿，从北极到南极，从珠穆朗玛峰到死海，在海底，以及有时甚至在320千米（200英里）高处都有人——就像古时候传说中栖息在天穹中的神一样。

目前至少在地球的陆地区域，剩下来供探测的地方似乎没有了。探险家正成为其成就的受害者，现在只好呆在家里了。

人们的大规模迁徙——有的是自愿的，但大部分并不是——形成了人类的生存状况。今天我们中间逃离战争、迫害和饥荒的人，比人类历史上的任何时候都多。在今后几十年，随着地球上气候的演变，看来会有更大量的人因环境恶劣而逃亡。

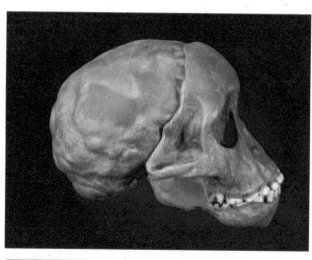

▲ 非洲南方古猿头骨化石

较好的地方随时会呼唤我们。在地球上，人潮仍将时涨时落。但是现在我们要去的地方已经有人定居了。别人对我们的困境并不同情，他们已经在我们之前到达那里了。

19世纪末叶，在欧洲中部辽阔的、多种语言并用的、古老的奥匈帝国的一个偏僻市镇，莱布·格鲁伯（Leib Gruber）正在成长。在捕捞时节，他的父亲以卖鱼为业，生活是艰辛的。青年时代的莱布能够找到的唯一的正当生计，就是背人渡过附近的巴格（Bug）河。顾客不论男女，骑在莱布的背上；他脚穿珍惜的长统靴（这是他的谋生工具），涉过河流浅滩，在对岸把他的乘客卸下来。有时水深齐腰。那里既无桥梁，也没有渡船。本来可用马匹渡河，但它们有别的用途。于是此事留给莱布和与他一样的一些年轻人去做。他们没有别的用处，找不到其他工作。这伙人在河边上闲逛，高声报价，向可能的顾客自夸他们背得多么好。他们出租自己，就像四条腿的动物。我的外祖父就是一头载重的牲畜。

我想莱布在他整个青年时代，从来不敢走出他的家乡小镇萨索（Sassow）100千米之外。但是在1904年，他突然跑到了一个新的世界——按家里的传说，这是为了逃避一次杀身之祸。他丢下自己年轻的妻子。和他的死气沉沉的小村庄相比，德国的那些大海港城市真是有天壤之别。大海何等浩瀚，高耸入云的摩天大楼以及新土地上永无休止的喧哗，对他都是不可思议的。我们对他的出走一无所知，但是找到了他的妻子采娅（Chaiya）后来出行所乘船只的船客名单。莱布有了足够的积蓄后，把她接过去了。她乘坐的是一艘在汉堡注册的巴塔维亚号船上最便宜的舱位。读到下面简短的文字记录，真令人伤心：她能够阅读或写字吗？不能。她会讲英语吗？不会。她有多少钱？我可以想象她回答"一元钱"时，是何等狼狈与羞愧。

她在纽约登陆，与莱布团聚。她只活到生下我的母亲及其妹妹，就由分娩引起的并发症死去了。在她留居美国的短短几年间，她的名字有时英语化成为克拉拉（Clara）。25年后，我的母亲生下了自己的第一个孩子（一个儿子），她用她从来不了解的妈妈的英文名字为这个孩子取名。

我们的远古祖先观察星星；注意到有五颗星并不像所谓的"恒"星那样按刻板的方式升起和下落。这五颗星有奇特而复杂的运动。接连几个月，它

▽ 1969年人类首次登上月球。

▲ "海盗船"号探测器在火星表面。

们似乎是缓慢地在恒星之间游荡。它们有时绕出一个个圆圈。今天我们称它们为行星，在希腊文中这个词的意思是游荡者。我想我们的祖先只能用它表达出这样的奇特现象。

我们现在知道行星并不是恒星，而是受太阳引力束缚的其他世界。就在对地球的探测行将完成之际，我们开始认识到地球只是环绕太阳或银河系中其他恒星的不可胜数的世界之一员。我们的行星和我们的太阳系被一个新的宇宙海洋——即深不可测的太空包围起来。比起地球上的海洋来说，它们将更难逾越。

也许这话早了一点。也许还完全不是时候。但是那些别的世界——大有希望的、不知其数的机遇——正在召唤我们。

在过去几十年间，美国和苏联取得了一些令人震惊的历史性成就——这就是对从水星到土星的所有那些光点进行仔细的近距考察，这些星体引起我

新科学读本
珍藏版

△ "旅行者"号是1977年发射的旨在寻找外星文明的无人外太阳系太空探测器。

们祖先的好奇心并把他们引向科学。自从1962年成功的行星际航行开始以来，我们的飞行器已经飞越70多个新世界，或者环绕它们运行，或在它们上面着陆。我们已经在游星（古代对行星的一种称呼）之间游逛。我们发现了使地球上最高山峰相形见绌的庞大火山；还在两颗行星上找到古老的河谷，令人不可思议的是一颗行星太冷，而另一颗却太热，因而都没有流水。我们的发现还有：一个巨行星的内部有容积相当于1000个地球的液态金属氢；整个儿已经熔化了的若干卫星；一个大气中有腐蚀性的酸雾缭绕的区域，甚至其高原的温度都超过铅的熔点；铭刻着太阳系激烈形成过程真实记录的古老表面；来自冥外深空的隐蔽的冰冻星体；体现出引力之微妙和谐与结构精致的环系；还有一个被复杂有机分子云环绕的星体，而在地球的最早历史时期，这些有机分子导致了生命的起源。它们都默默地环绕太阳旋转，等待着我们去探索。

我们的祖先最初思考夜空中那些游荡光点的本质时，做梦也想不到由我们发现的种种奇观。我们探索地球和人类自身的起源。通过发现其他事物以及研究与地球或多或少相似的其他行星各种可能的命运，我们对地球更加了解。每一个星体都是可爱的和有启发意义的。但是就我们所知的情况来说，它们也都是荒无人烟和贫瘠的。在那里，找不到"更好的地方"。至少目前知道的情况是这样。

在从1976年7月开始的"海盗号"遥控探测期间，从某种意义上说，我在火星上度过了一年时间。我考察了巨砾与沙丘，甚至在中午还是红色的天空，古老的河谷，高耸的火山，严重的风暴侵蚀，由薄片叠成的两极区域，以及两个暗黑的土豆形卫星。但是没有生命——没有一只蟋蟀或一片草叶；就我们确切知道的情况而言，甚至连微生物也没有。这些行星并不像地球那样被生命所美化。生命是相当稀罕的。你可以探测几十个星体，而发现其中只有一个出现了生命，并且进化和持续存在下去。

莱布和采娅的一生中在那时以前跨越过的最宽的只是一条河，但此后他们逐渐变为横渡海洋了。他们得到的最大益处是：在充满异国情调的大洋彼

如何在太空安家

美国肯尼迪航天中心

岸，竟有讲他们的语言的其他人群。与他们至少有一些共同利益，甚至还有与他们休戚与共的人们。

在我们的时代，我们已经穿越太阳系，向恒星发射了4艘飞船。海王星离地球比纽约距巴格河岸远出一百万倍。但是在那些其他的世界上没有远方亲戚，没有人群，显然也没有期待着我们的生命。没有最近去的移民送信来帮助我们了解新的大陆。我们得到的只是没有知觉的、精确的自动机械使者以光速发送的数据。它们告诉我们，这些新世界并不太像我们的家园。可是我们继续寻找生灵。我们没有办法，只能这样做。生命寻找着生命。

阅读提示

选自《暗淡蓝点——展望人类的太空家园》，叶式辉、黄一勤译，上海科技教育出版社2000年版。

"一种对远方事物的永恒追求使我苦恼。我喜爱去非常凶险的海洋航行……"萨根认为，人类固有的好奇心和好探险的本性注定了我们是"漂泊者"。过去的"漂泊"使人类遍布全球，未来的"漂泊"将走向太空。萨根是一位参与了美国宇航事业的科学家，但他在"展望人类的太空家园"时首先不是从宇航技术着眼而是从人类本性着眼，这一视角很具启发性，值得认真揣摩。事实上这篇文章好像展开了一幅长长的画卷，我们甚至可以将这幅画题名为"人类的命运"，你觉得呢？

在太空安家

[美] 里吉斯

世纪末的狂躁无论如何不是一个新现象，至少在19世纪末时就曾出现过一次。在1880年期间，当时的物理学家们认定，他们已经发现了自然界中能够认识的一切东西。哈佛大学物理系主任约翰·特罗布里奇四处奔走告诫他的学生们不要以物理学为专业，因为所有重要的东西都已经发现了。几年以后，芝加哥大学的艾伯特·米切尔森于1894年宣称："未来物理学的精确度可望达到小数点后第6位。"

这真是太狂妄自大了。就在次年——1895年，威廉·伦琴发现了X射线，几个月以后，安托万-亨利·贝克雷尔发现了具有自然放射性的铀。自然界似乎突然之间面目一新了，到20世纪尚未过半的时候，"原子时代"已经家喻户晓了。

▲ 绘画《哥伦布的梦想》。哥伦布于1492年发现了美洲。

如何在太空安家

　　但是对安阿伯的密歇根大学学生吉姆·贝内特来说，本世纪担负着更加重要的使命。当一位名叫杰勒德·K.奥尼尔的物理学家在1976年春天来到该校讲学之后，贝内特的认识更加明确了。贝内特已经在《时代》杂志上读过有关奥尼尔的介绍，知道他计划在太空建造许多长20英里、宽4英里、每个能容纳1000万人口的城市——巨大的人造住区。

　　奥尼尔的讲座重新激起了贝内特童年时代的兴趣。当他9岁时知道俄国刚刚发射了世界第一颗人造地球卫星后，便产生了飞往太空的愿望。开始时，

▼ 空间站

△ 科幻片中的外太空城市

吸引他的只是到月球或火星去旅行的浪漫情调。后来他对此有了更广义的新认识。对贝内特来说，每个世纪都有各自的历史目标：19世纪时开发了澳大利亚和美国西部，其他世纪也都有各自的任务。他认为，20世纪的任务就是征服外层空间这个最后的边疆。

贝内特想当一名宇航员，但他的视力极差，无法参加军事飞行训练。此后一段时间内他似乎绝望了，当然，实际上并没有那么可悲，因为不管怎么说，到他上高中的时候，整个太空计划已经开展起来了。

"60年代中期使我感到失望，因为，我认为当时空间计划的进展慢得令人吃惊，"他说，"到60年代末只有4个人登上了月球。国家航空和宇航局谈到在70年代建造一个只能容纳几十人的月球基地，还有一两次微不足道的火星探险——对我来说这些简直算不得什么，既不够多，也不够快。"

因此，贝内特考入密歇根大学后放弃了他的太空设想，转而学习政治学和人类学等使他感兴趣的专业。他阅读了大量有关探险和迁徙的历史书籍，尤其喜爱塞缪尔·埃利奥特·莫里森描述的哥伦布、德雷克、麦哲伦等人了

新科学读本

珍藏版

不起的海上航行故事。就在这时，杰勒德·奥尼尔来了。

奥尼尔设想的殖民都市不是"空间站"，而是一个个的小型世界。它们是缩小了的地球，唯一的不同是，那里的人们不像在地球上那样生活在一块巨大岩石的外层，而是生活在一个人造定居点的内部。这些人造地球中将拥有一个舒适的家庭所拥有的一切，拥有任何人所需要的一切东西，包括人造重力、住房开发、学校、医院、公园、湖泊、溪流、农场、摩天大厦、船只、桥梁，等等。当然，那里也会有整座的山脉。人们似乎可以把整个曼哈顿岛和阿迪朗达克的一部分卷进一个密封的圆筒里，让它平稳地在地球和月球之间的轨道上飞行。

吉姆·贝内特知道，太空定居点不是一种新设想。他读过许多科幻小说，对此并不陌生。在这些小说中，漂流的城市是经常出现的情节。事实上，早在上世纪末前一次狂妄自大的热潮中，就有人提出过太空城市的笼统概念。例如，契奥尔科夫斯基就曾在他的书中描述过可作为人类未来定居点的巨大空间宫殿。后来，J.D.贝纳尔在1920年出版的《世界、肉体和魔鬼》一书中进一步设想，把这些空间定居点变成火箭和巨大的空间方舟，以便飞往其他星球。20世纪初的技术水平尚无法完成这些任务，所以，这些设想只能被当做"天上掉馅饼般的梦想"而束之高阁。相比之下，奥尼尔的建议是在世界技术水平发展到能把他头脑

中的想法变成现实的时候提出来的。关键是有适用的技术，奥尼尔在讲座中引用了大量确凿数据强调这一点，说明了如何建造太空城市以及何时何地和为什么建造的问题。他的设想是前人无论在实际上还是在幻想中都从未有过的。

贝内特坐在教室里，聆听物理学家奥尼尔绘声绘色地讲述生活在自成一体的空间轨道乌托邦里在政治、美学和个人方面的诱惑力。没有人否认空间定居点的可能性，问题是它们是否令人满意，是否值得这样做。至少奥尼尔的回答是肯定的。他说，太空定居点将会比地球"更舒适、物产更丰富、更吸引人"。这种说法会使人踌躇不前。人们需要花费一段时间细细品味，人造地球会比地球……更舒适、物产更丰富、更吸引人吗？

但是，令人不可思议的是，这种说法实际上却讲得通。因为没人能够否认，地球本来就有很大的缺陷，这个星球经常遭受各种自然灾害：火山爆发、地震、海啸、旱灾、洪涝、虫灾、瘟疫等等。但在人造定居点中则没有这些烦恼。人们在设计过程中就排除了这些灾害，人们不会再受自然界的摆布了。在某种意义上说，自然界将会消失，因为整个太空定居点都将处于全面的控制、计划和调节之中。工业污染将一去不复返：居住区内不允许存在污染大气的东西，冒烟的工厂、烟雾、汽车废气都将不存在。它就像人间天堂——或者说是近似人间天堂。

阅读提示

　　这篇文章节选自《科学也疯狂》一书。看这个书名，就知道其中记载着许多敢想敢干的"疯子"。

　　本文中的奥尼尔算是一个。他后来带动了一班"疯子"，成立了一个协会，做适应太空生活方式的各种实验（从身体训练到太空农业等等）。由于文章太长，只好留给你自己去把那本书找来接着读下去。这里想告诉你的是，那些"疯子"都非常有趣，比如一对情侣互相约定结婚的前提条件是："在第一个月球基地接收移民时，我们要一起到那里去。"他们还说："我们担心在这个星球上（指地球——编者）待的时间太长，事情会变得非常非常令人厌烦。"还要告诉你的是，他们不是空想家，相反他们是雷厉风行的行动家，而且他们的实验都是严格按照科学原则进行的。回过头再想想萨根在《漂泊者》一文里说的话吧："你自己的、你所在的群体的，甚至你的种族的生活，可能全靠少数不守本分的人来决定。"

绿化银河

[英] 戴　森

太空植物人

长远来看，我认为多样性问题的唯一解答，是人类借着绿色科技向宇宙扩展。绿色科技将把我们推到正确的方向，从太阳向外，到达小行星、大行星，甚至更远的无限空间。绿色科技意指不住在玻璃罐子里，它要让动植物和我们去适应天高野阔的大宇宙。蒙古游牧民族发展出坚韧的皮肤和细细的眼睛，以便抵挡亚细亚的寒风；如果我们的子孙，有几个生来就具有更强韧的皮肤、更狭窄的眼睛，他们或许能在火星的狂风中，睁着眼走路。决定我们命运的问题，不在于我们是否要向太空扩展，而是我们要成为同一物种或者是要成为一百万个物种？一百万个物种也依旧填不满已虚位等待智慧大驾光临的宇宙生态空缺。

如果我们采用了绿色科技，则向宇宙扩展的行动将不仅局限于人和机器；乃是运用人类脑力，为生命本身的目的，达成所有生命一起扩张的目标。生命一旦侵入一个新的居所，从来不会只有单一物种迁移过去而已；总有各式各样的物种顺道过去，而且一旦站稳脚步，物种便会迅速扩张，并进一步多样化。我们向星空的拓展也将依循此一古老模式。

要让一棵树，靠着遥远太阳发出的光，在小行星上没有空气的太空中生长，我们得重新设计树叶的皮肤。在一切生物体身上，皮肤都是最要紧的部门，必须细心精巧地加以设计剪裁，才可适应环境的要求。这也不是什么新发现——

我与当地土著的谈话如下：

"你们从哪儿来的？"我问他们。

"我们从别个星球移民过来的。"

"你们怎么会到这里来，住在真空中？我看你们身体的设计，应该是活

新科学读本
珍藏版

● 银河系

在大气层中才对啊！"

"我无法解释我们怎么到这里来，那太复杂了。但是我可以告诉你，我们的身体逐渐变化，直到能适应在真空中的生活；就像你们的水生动物逐渐变成陆生动物，而你们的陆生动物又逐渐变成在天空飞翔。在行星上面，水生动物通常最早出现，呼吸空气的动物次之，而真空动物最后出现。"

"那你怎么吃呢？"

"我们像植物一样吃，一样成长，就是靠阳光啦。"

"但是我还是不懂，植物从地里吸收水分，从空气中吸收二氧化碳，阳光只是将这些东西转成活组织。"

"你看到这些附属在我身上，看起来好像翡翠翅膀的肢体没有？它们里面充满了叶绿体，就像那种使植物发绿的成分。你们有些动物身上也有。我们的翅膀有一层像玻璃的皮肤，不透气又防水，但是可以透过阳光。流过我们翅膀的血液中所溶解的二氧化碳，因为阳光照射而分解，阳光且催化了上千种化学反应的发生，供应我们身体所需的物质……"

这段对话是摘录自邱可夫斯基的书《天地之梦》（Dreams of Earth and

Sky）。这书是1895年在莫斯科印行，也就是威尔斯《发现未来》演说发表之前七年。

扫把星是人类未来的家

我们还不知道小行星是什么组成的，这些小行星当中有许多颜色非常暗，而且光学特性和一般称为碳质球粒状陨石（carbonaceous chondrites）的东西很像。碳质陨石的成分很像地球上的土壤，其中一大部分是水、碳以及生命必需的化学成分。很可能我们就那么幸运地发现，那些黑色小行星就是由碳质陨石所构成。当然，这些出现在太阳系中的碳质球粒状陨石必定其来有自，如果黑色小行星真的就是它们的故乡，那么我们就有数以百万计的、从地球很方便就能迄及的小世界。只要在其中可找到合适的土壤，那么经过悉心设计的人造树就可以在那儿生根茁壮。树木有了，接着就会有其他植物

🔺 *最大的小行星"谷神星"*

△ 蜗牛

和人类，无穷多种类地完整生态体系便于焉诞生。每个小小世界都可自由地按其所长，勇于实验，勇于变换花样。

人类的灰色科技也是大自然的一部分，过去是、未来仍然是从地球跨向太空的必备技术。灰色科技是大自然的一种小伎俩，专门用来使生命得以从地球逃脱。遗传操纵的绿色科技则是另一个大自然的小伎俩，用来让生命得以迅速而有目标地调适自己，而不是缓慢、随机式地一头撞进新家。如此，他才能不只从地球逃脱出去，而且能繁衍众多——子又有子，子又有孙，子孙遍布全宇宙。我们所有的技术都是大自然计划的一部分，为她特有的目的而归她使用。

越过小行星带以后，下一步我们当走向何方？木星及土星的卫星都含有大量的冰以及有机养分。它们既寒冷，离太阳又远，然而如果我们教导植物如何长出活的温室来，还是能够在上面生长的。就像乌龟或牡蛎长出自己的壳，为什么植物不能长出自用的温室呢？

移到木星和土星之外，我们来到彗星的王国。很可能太阳系四周的太

혜성

⚠ 人类能否扮演上帝，犹能保持神智清醒吗？

空，装满了大量的彗星，直径约数英里，自成一个个小世界，且几乎全由冰块及其他生命必需的化学成分组成。只有碰巧这些彗星在轨道上受到干扰，以致被吸近太阳，我们才看得到。粗略估计，一年只有一颗彗星会被捕捉到靠近太阳的地区，然后被蒸发而分解。如果我们假设在太阳系存在的这几十亿年间，远来彗星的货源供应充足，而且前仆后继、接续不辍；那么松散附着于太阳的彗星总数应该也在十亿之谱；这些彗星合起来的总表面积至少也是地球的一千倍。因此，太阳系中生命的未来居所，最具潜力的应是彗星，而非行星。

翠绿满银河

其他恒星是否和太阳一样，拥有一样多的彗星？答案是或不是，都有可能，我们也没有证据显示哪一个对。如果太阳在这方面不是异数，那么彗星便是遍布整个银河，而且这个银河对星际旅客的亲和力，远比一般人的想象要友善得多。如此一来，在苍茫的太空海洋中，适合居住的各海岛之间的距离，将不是以光年计算，而是以光日、甚至更短的光时、光刻、光分来计算了。

不管彗星能否为生命向整个银河迁移提供方便的中继站，星际距离都不能成为生命扩张的永久障碍。一旦生命学会如何把自己胶封起来，抵抗太空的严寒与真空，它就能在星际航程中存活，并且到达星光、水分与必要养分都恰到好处的新大陆去撒下种子。不论生命航向何方，我们的子孙也会跟去，善尽协助、引导与适应的责任。生命必将面临如何在不同大小的行星或星际尘云之中生活的现实适应问题，我们的后裔或许将学会如何在星风和超新星残骸中垦殖花园。一旦生命的扩展有了好的开始，终将沛然莫之能御；我们的后代子孙即使有意拦阻，也势无可挡。

短时间内，我们或许能掌握趋势的控制权；然而生命终究会开辟出一条又新又活的路，不管有没有外力的协助。银河的绿化也终将成为一个不可逆的过程。

当我们形成一百万个物种遍布整个星系时，"人能否扮演上帝，犹能保持神智清醒吗？"这个问题将不再那么恐怖。我们将会扮演上帝，但只是地方性的神祇，而不是全宇宙的主宰；数目也有一定的安全限额。我们当中有些会变得癫狂，像莫洛博士那样疯狂统治整个帝国；有些人会在晨星上拉屎，也会有冲突与悲剧……但是邪不胜正，长久下来，神智清楚的人总是比癫狂

▽ 1957年苏联成功发射了人类第一颗人造卫星。

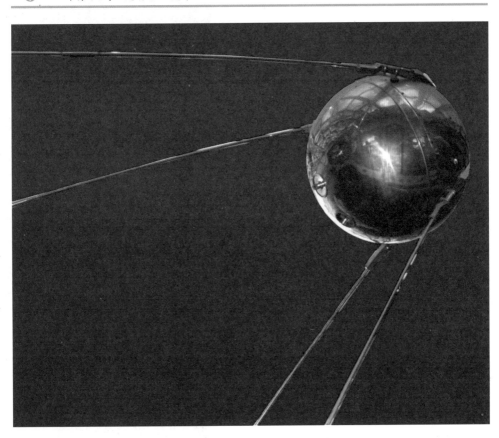

如何在太空安家

的人适应得更好，存活的更多。大自然之修剪不适任者，终将限制癫狂者在银河各物种内的传布，正如她在地球上对个人的管束一样。所以神智清楚，本质上就是和自然律和谐共存的能力。

为天地立心

我诉说这个银河绿化的故事，仿佛我们注定是大自然对智慧生物的第一桩试验。如果星系中已大体存在其他智慧物种，这个故事将会大不相同。银河在生命形式与文化方面，将变得更加富有变化；我们只要谨慎自守，不要让人类的扩展太过嚣张，以致毁坏了邻居的生态。在我们向太阳系外扩张的行动开始以前，必须先用望远镜彻底搜索银河系，先充分了解我们的邻居，然后以朋友的身份，而不是以入侵者的姿态拜访他们。宇宙之大，足够给予我们全体宽阔的生活空间；但是，似乎很可能的，我们是银河系中孤独的一群，没有任何智慧邻居存在。其实，地球诸般生命之丰富，已具有足够的潜力，去填满宇宙中各偏僻的角落与罅隙。

生命遍布宇宙只是个开端，不是结束。当生命在量的方面延伸其居所的同时，质的方面也在改变，且进化到一个我们无法测度的崭新心灵天地。新领域的攻取固然重要，但本身并不是终点，而是一个手段，让生命得以百万种不同形式的智慧从事实验。

新科学读本

珍藏版

猎户座星云

1929年，结晶学专家伯纳尔（John Desmond Bernal，1901—1970）写了一本小书《世界、肉体和魔鬼》（The World, the Flesh and the Devil）。他在书中将生命扩张到太空，描述为等待人类去完成的首要任务之一。和我一样，当他尝试要想象以后将如何的时候，就被难倒了。他的书，也像每本探究未来的书必然的结尾一样，以一个问题作结束：

我们希望未来是神秘而充满超自然能力；然而正是这些与现实世界看来有如天渊相隔的渴望，建造了现今的物质文明。而且只要在渴望与行动之间保持某种关系，未来仍将继续建造这类的文明。但是我们能放胆倚赖这些东西吗？或者说，在此难道没有什么标准可以决定人类未来的发展方向吗？我们所处的地位，足以看见行动的效果，以及未来的可能后果。我们仍然胆怯地握住未来，但总算第一次察觉到它是我们行动的函数。

既然看见了，我们是要避开那些违背我们起初需求的本质呢？还是凭峙对自己新能力的肯定，而勇往直前、扭转乾坤，将那些需求转变成"为万世开太平"的助力呢？

 阅读提示

选自《宇宙波澜：科技与人类前途的自省》，邱显正译，三联书店1998年版。

小行星是太空中的"小岛"，适合人类"近距离"移民，你没这么想过吧？戴森的想法称得上是胆大心细。想想吧，"绿化银河"是一个什么样的概念！戴森是一位杰出的物理学家，他不是在随心所欲地制造梦想，但他说的不是比任何一个"梦工厂"制造的梦想更神奇、更诱人吗？注意他在结尾时说的那句话：每本探究未来的书都必然以一个问题结束。想一想这话的含义。

十万年前与十万年后

[英] 戴　森

　　十万年前，我们正忙于学会如何成为人类。为了适应寒冷的气候条件，我们搞了一些精巧的发明，抽象出了语言，同时也形成了一定的远见卓识。我们开始教育后代。在与同源的尼安德特人种竞争过程中，我们逐渐懂得要严格地保持我们这一种群的特点。十万年以后，一切都是不可预测的。假如除地球之外银河系的其他地方现在还没有散布着生命的话，十万年以后我们也许已经把生命传播到银河系的各个角落了。我们可以同生存在银河系中的

新科学读本

珍藏版

△ 牛顿

任何生命形式接触。幸运的话，人类的历史会丰富起来，记载着各种各样的外星人的文化和传统。外星人的善恶观很可能与我们大异其趣。这就为我们与他们的交流提供了广阔空间。

也许在十万年的时间跨度内，生命历史的主导因素就是适应居住在卡罗尔宇宙内。这一宇宙空间是由让－马克·列维－莱布龙德作为一项数学练习设想出来的。这个数学练习表明卡罗尔宇宙是众多模型宇宙中一小部分宇宙中的一个宇宙，这些宇宙之间在逻辑上是自足的。列维－莱布龙德是法国物理学家，现在定居尼斯。他根据英国数学家刘易斯·卡罗尔命名了这个宇宙。卡

▲ 童年时的爱因斯坦

罗尔曾写过两部经典童话——《艾丽丝漫游奇境记》和《镜中的世界》。在《镜中的世界》中，红桃皇后对艾丽丝说："只要待在原地不动，你就能够遥遥领先了。"同样，在列维－莱布龙德的卡罗尔宇宙中，一切都不会从一个地方移到另一个地方，甚至光的运行速度都降到了零。

当生命散播在银河系各个星系时，我们就会生活在卡罗尔宇宙空间之中，因为星际之间的距离非常大，在人类的个体寿命跨度内是无法走完这段旅程的。甚至以光速传递的信息，也需要5万年横穿银河系。各个历史时代都会过去，在从打电话到接电话这段时间内，真不知有多少种文化复兴，又有多少种文化消亡。银河系的每一个小小角落都是一个自足的世界，它被遥远的空间和漫长的时间与其他星系隔离开来。我们会从与过去的邻近星系的交谈中获得乐趣，而对于与我们同在的邻近星系则一无所知。

新科学读本

珍藏版

如何在太空安家

　　还有两个简单的模型宇宙，比起卡罗尔宇宙，我们对它们更熟悉，它们是牛顿宇宙和爱因斯坦宇宙。在爱因斯坦宇宙中，时间和空间都是相对的。在牛顿宇宙中，时间是绝对的，而空间是相对的。可是在卡罗尔宇宙中，空间是绝对的，而时间是相对的。比如我们在卡罗尔宇宙度过十万年，同时将来还要在卡罗尔宇宙生活下去，可是在牛顿和爱因斯坦宇宙中，卡罗尔宇宙中的十万年只是短短的一瞬。

　　过去，轮船和车辆还没有发明出来，我们实际生活在卡罗尔宇宙中，因为人类中的每个小部落在人类的个体寿命中只能迁移很小的距离。在卡罗尔宇宙中，每个部落好像一个点，这个点通过绝对空间与其他点分离开来。后来，车船发明了，我们便可以周游世界了。我们的空间不再是绝对的，这时我们进入了牛顿宇宙。稍后，我们发明了电话和无线电，这时我们进入了爱因斯坦宇宙。我们要在爱因斯坦宇宙中停留几千年，然后才在星际之间散播生命，或与已经散播在银河系中的外星人接触。人类向星际中散播生命过程结束后，就会又回到卡罗尔宇宙中。卡罗尔宇宙使我们成为现在这个样子，我们严格地忠于自己的土地和家乡，是受领土区域限制的生物。我们仍然带着很久以前在卡罗尔宇宙中保留的特征。在久远的将来，这种传说的特征对我们很有益处。在不远的过去是牛顿宇宙，现在则是爱因斯坦宇宙，在这两个宇宙中，忠诚成为一种有危险并具有破坏性的力量，使我们因为争夺土地发动战争或灭绝种族。在将来更大一点的卡罗尔宇宙中，我们不会与自己的邻邦相互厮杀，从古代继承下来的对于土地的忠诚会再一次变得更加宽厚而温和。

几年前，我曾接受MNI杂志的请求，他们要我写一条信息，字数在75左右，然后通过无线电向可能收听到我们信号的外星人传递这一信息。如下便是我要向外传播的信息：

亲爱的外星人：

你们的沉默使我们自感羞愧。你们与我们共同拥有这个美丽的宇宙，在这个宇宙中，我们这样大吵大嚷还请你们原谅。当我们失去耐心时，请你们一定保持耐心；当我们显得粗鲁时，请你们一定表现出你们的文雅；当我们显得愚蠢时，请你们显露出你们的智慧。我们是进化历史并不长久的物种，还有很多东西需要我们学习。

 阅读提示

选自《想象中的世界》，庞秀成、刘莉译，吉林人民出版社2001年版。

又是一篇戴森的文章！实际上他写得很长，写了七个时段的回顾与展望：十年前至十年后、一百年前至一百年后、一千年前至一千年后、一万年前至一万年后、十万年前至十万年后、一百万年前至一百万年后以及百万年以上至无穷。若有兴趣，当然可以去把原书找来一读。特别想提请你注意这篇文章的最后一段致外星人的文字，也不知外星人是否收到了。

Chapter 4

四 恐龙愚蠢吗？

用石蜂做实验

[法] 法布尔

高墙石蜂的窝盖在小卵石上，可以随便搬动，互相调换，而不会打扰工匠的工作，也不会影响蜂房里居民的休息，所以可以方便地进行实验。只有这种方法可以揭示本能的性质。要研究昆虫的心理特性并想取得一些成果，仅仅会利用在观察时偶然碰到的情况是不够的；还必须会制造别的环境，尽可能变化各种环境并将这些环境进行对照检查；总之必须进行实验，以使科学具有牢靠的事实基础。这样，在精确的资料面前，有一天我们会发现书本上充斥着荒诞不经的陈词滥调：金龟子请同伴助一臂之力，把粪球从车辙里拉出来；飞蝗泥蜂把捉到的苍蝇弄碎以便减小风的阻力，把苍蝇运走；以及其他许许多多把根本没有的事硬加在昆虫身上的无稽之谈。因此必须准备材料，学者运用这些材料，总有一天会把那些建立在虚无缥缈的基础上的不成熟理论抛到一旁的。雷沃米尔通常局限于记录在正常情况下出现在他面前的事实，而没想到使用人

法布尔

工设置的条件来更深入一步探索昆虫的本能。在他那个时代，一切都有待发现。收获是那么大，以至于这位著名的收获者最迫切需要做的，就是把庄稼收回来，而把对麦粒和麦穗的详细检查留待后来者。但是关于高墙石蜂，他提到了由他的朋友杜·阿梅尔进行的一次实验。他叙述了怎样用一个玻璃漏斗把高墙石蜂的一个窝罩起来，然后用一块普通的纱布把漏斗的一端塞住。他从蜂窝里取出三只雄蜂，这些石蜂从硬得像石头般的灰浆里出来，却不打算戳破一块薄薄的纱布，或许它们认为这是它们办不到的事。这三只石蜂在漏斗里死掉了。雷沃米尔进一步指出，昆虫通常只会做它们在自然的正常秩序下需要做的事情。

这个实验并没有令我满足，理由有二。首先，一个工人，配备着的工具可以戳穿跟凝灰岩一样硬的土块，可是叫它剪一块纱布却不一定能做到；我们不能要求挖土工用锄头做裁缝用剪子做的工作。其次，我认为玻璃的透明牢房选得不对。当昆虫穿过厚厚的沙土圆屋顶为自己开辟了一条通道时，便处在光天化日之下，处在光线之中；而白天，光线，对于它来说，就意味着最终的解脱，就是自由。它碰到的是一个看不见的障碍——玻璃；对于它来

🔺 荒石园

说，玻璃并不是什么阻挡它的东西。透过玻璃，它看到了充满着阳光的自由空间。它竭力要飞到那自由的空间去，可它根本不明白它要冲破这看不见的奇怪障碍的企图是劳而无功的，最后它精疲力竭地死了。而在它坚持不懈的努力中，它根本没有向那块堵住锥形烟囱的纱布看一眼。实验应当在更好的条件下重新进行。

我选择的障碍物是普普通通的灰色纸，这纸相当不透明，足以使昆虫一直处在黑暗中；纸相当薄，囚犯可以不太费力就戳破。就障碍物的性质而言，纸墙跟土质穹顶相差甚远，所以我们先要看看，高墙石蜂知道不知道，或者更准确地说，能不能够从这样的隔墙穿出来。大颚是可以挖开坚硬的灰浆的锄头，是不是也可以作为切开一张薄膜的剪刀呢？这就是首先要了解的问题。

二月，当昆虫已经发育完全时，我从蜂房里取出一定数量的茧，把它们分别放到一节芦苇里。芦苇节一端封闭着，另一端敞开。芦苇节的薄膜代表蜂窝的蜂房。放茧时让昆虫的头朝洞口。最后我把我的人造蜂房用不同的方式封闭起来：有的用捏好的土块做塞子，干土块的厚度和硬度相当于自然的窝的灰浆天花板；有的用至少厚一厘米的圆柱形——做扫把的高粱秆——塞起来；还有的用几块灰色纸片蒙着，四边牢牢固定住。所有这些芦苇节彼此挨着，垂直放在一个盒子里，我制造的隔板盖在上面。这样昆虫的姿势就跟

新科学读本

珍藏版

⬆ 法布尔将荒石园的房子外墙刷成玫瑰红色，窗子则被刷成绿色，外面种着很多柏树。

它们在原先的窝里一样了。它们必须像我没有插手时那样给自己打开一条通道，挖掘位于它们头上方的墙壁。我把盒子放在一个玻璃罩下面，然后等待着五月份幼虫出茧的时期到来。

结果远远出乎我的预料。我手捏的土塞子被戳了一个圆洞，跟石蜂在自然的灰浆圆屋顶上打开的洞没有任何区别。植物塞子，也就是说圆柱形的高粱秆，是我的囚犯完全没有见过的，也同样被打开了一个口子，就像是用打洞钎打开似的。至于纸盖子，石蜂不是把它撞破，猛力撕裂，而是钻成一个大小一定的圆孔。可见我的石蜂能够做不是它们天生会做的事；为了走出芦苇制造的蜂房，它们干了它们的种族可能从来没有干过的事：凿开高粱秆的髓质墙壁，在纸盖上钻洞，就跟它们在土质自然天花板上戳洞一样。当解放自己的时刻来临时，不管什么性质的障碍物都阻挡不了它们，只要它们有办法战胜这些障碍；所以，从此以后，不能说它们无法在一个简单的纸壁上钻洞了。

在制造用芦苇节做的蜂房的同时，我还准备了两个筑在蜂房上的完好无损的窝，把它们放在罩子底下。我用一张灰纸紧紧贴在其中一个窝的泥灰圆屋顶上。昆虫必须先戳破土壳，然后钻破紧贴着土壳中间没有空隙的纸张。我用一个同样是灰纸做的小圆锥体把另一个石头上的窝整个罩住，再粘起来；跟前面的窝一样，这个窝也有双重的围墙，但不同的是，这两扇围墙彼此不是紧贴在一起，而是相隔着一个空隙；在锥体底部，这空隙有一厘米宽，而锥体越往上，空隙越小。

在这两种条件下做的实验，结果完全不同。关在用纸紧紧蒙在圆屋顶上、纸与圆屋顶之间没有空隙的窝里的石蜂，戳破双重墙壁出来了。第二面墙壁，也就是纸壁上被穿了一个清清楚楚的圆洞，就像芦苇节蜂房纸盖上的洞那样。这样，我们可以再一次确认，如果说石蜂在纸的障碍物前面止步，不是因为它无法战胜这样的障碍。相反，住在罩着锥体的窝里的居民，在穿过土质圆屋顶之后，发现在远距离处有纸挡住，可它们甚至根本没有打算去戳破这个障碍；而这纸如果是紧贴在窝上，那么，这个障碍它们是非常容易克服的。它们没有进行解放自己的尝试，结果就在盖子底下死去了。雷沃米尔的石蜂就是这样死在玻璃的漏斗中的，而它们本来只要戳破一层薄纸就可以自由了的啊。

这一事实在我看来具有重大的意义。这是怎么回事呢！这么一些壮实的昆虫，要戳通凝灰岩简直就像玩游戏似的；那些软木塞和纸隔层，尽管材料不同，它们要钻洞时也容易得很；可是这些强壮的穿墙凿壁者，为什么却傻乎乎地心甘情愿在它们只要大颚一咬就可以咬破的锥形囚牢里死去呢？它们是能够咬破墙壁的，可它们这样愚蠢地束手待毙，其原因只能是它们没想到要这么做。昆虫天生有卓越的工具并具有本能的能力完成变态的最终行动，

▼ 法布尔故居内景

从茧和蜂房里出来。在它的大颚里有剪子、锉刀、鹤嘴镐、撬棍，不管是它的茧和泥灰墙还是其他任何不太硬用来代替蜂窝的自然墙壁的围墙，它都能够切开、戳破、拆毁。另外，还有最重要的条件，没有这条件，工具就会一无用处，那就是它具有一种敦促它使用工具的内在刺激（我不想说是使用工具的意志）。当出窝的时间到来时，刺激苏醒了，于是昆虫便着手进行凿洞的工作。

这时，要戳破的材料，不管是凝固的自然灰浆、髓质的高粱秆还是纸，对它来说都无关紧要，把它囚禁起来的盖子不用多久就被戳破了。即使障碍物再厚一点儿，即使用一层纸再盖在土墙上，也没关系。在这种膜翅目昆虫看来，这两个彼此间没有空隙隔开的障碍物只是一道墙而已，膜翅目昆虫就在那儿钻出来；因为解放自身，穿茧而出的行为是一下子完成的。如果用纸的锥体罩着，墙壁离得稍远一点儿，条件就变了，虽然整个墙壁实质上仍然一样。昆虫一旦从它的土房子出来后，便已经干了它为了解放自身而天生应该干的一切事情；在灰浆的圆屋顶上自由地走动，对于它来说，就是解放行动的终结，就是钻洞行为的结束。在窝的四周还有另一个障碍物——圆锥形的墙；可是要戳破这面墙，就必须再进行刚刚已经做过的行为，而这种行

为，昆虫一生只该做一次的；总之，必须重复做根据它的本性只能做一次的行为，昆虫办不到，仅仅是因为它不愿这么做。高墙石蜂因为没有丝毫的智慧而死掉了。可今日的时尚，却要在这奇怪的智力中找出一丝半点儿像人类理性的东西来！时尚会过时的，而事实却将永存，这使我们又想起了万物有灵、命运注定这十分古老陈旧的说法。

雷沃米尔还叙述说，一只身体部分进入窝里的高墙石蜂，头先伸入，把花粉装在窝里，他的朋友杜·阿梅尔用镊子夹住石蜂，把它放到离窝相当远的一间小房间。石蜂从窗户飞走了，逃离这小房间。杜·阿梅尔立即去蜂窝那儿。高墙石蜂几乎跟他同时到达蜂窝，然后重新进行工作。叙述者最后说，这石蜂只是显得有点儿比较吃惊罢了。

可敬的大师啊，您怎么没有在这儿，跟我一道在这埃格河畔呢！这儿一大片地方一年有四分之三的时间铺着干干的卵石，而一下起雨来则成为汹涌的急流；如果您在这儿，我向您展示的会比那只从镊子下逃脱的流亡者让您看到的

如何在太空安家

新科学读本

珍藏版

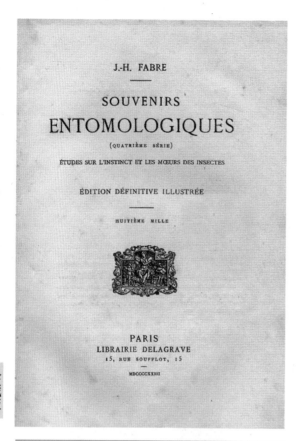

△ 《昆虫记》

要妙得多。那只被放到附近小房间的石蜂，逃脱出来后立即返回它的窝，而它对窝周围的情况熟悉得很；如果您来到这儿，您看到的，不是高墙石蜂的这种短暂的飞行，而是它沿着完全陌生的路所进行的长途旅行，那么您将会跟我一样惊奇不已。您会看到，被我特意放到远处的石蜂返回它的家，它那地理学本领，连燕子、雨燕、信鸽都会佩服的；那时您就会跟我一样思忖，那种指引母亲去寻找它的窝的地理方位感是多么令人不可思议啊！

我们用事实来说话吧。现在我们对高墙石蜂重新进行我从前对节腹泥蜂所做的实验，把石蜂放在黑暗的盒子里送到离它的窝老远的地方，在给它做了标记后，就把它放走了。如果有谁想再做一做测试，我可以把我的操作方法传给他，这样他在开始时就不会长时间地犹豫不决了。

要让它进行长途旅行的昆虫在抓它的时候显然要小心谨慎。不用镊子，不用钳，因为这样可能会弄坏翅膀，把它扭伤，从而影响它的飞行力。当石蜂在它的窝里埋头劳动时，我用一个小玻璃试管把它罩住，石蜂飞起来就会飞到试管里去，这样我就可以不碰着它，把它立即放到一个纸杯里，然后迅速把纸杯盖起来。我把我的囚犯各自放在一个纸杯里，用一个白铁盒，采集植物标本的盒子，把它们运走。

余下最难办的工作是在选择作为出发点的地方进行的：在释放囚犯前给每只石蜂做标记。我使用细粉白垩，把它化在阿拉伯树胶的浓溶液里。用稻草秸把粉浆滴在昆虫身体的某个部位上，在那儿留下一个白点。这白点很快就干了，跟昆虫身上的皮毛粘在一起。如果给一只石蜂做标记是为了在短时间的实验中（对此我下面会谈到）不让它跟别的石蜂混淆起来，我只要在昆虫头朝下，身子半伸进窝时，用沾了颜色的稻草秸碰一碰它腹部的末端就行了。这样轻微地碰一碰，膜翅目昆虫根本觉察不出来，它继续它的劳动，谁都没有被惊动；但是这个标记不牢，而且点到的部位不利于保存，因为石蜂老是要把花粉从它的腹部刷下来，迟早会把标记擦掉的。为了让它们作长途旅行，我得把白粉浆点在两个翅膀之间的胸部正中。

戴着手套做这项工作几乎是不可能的，手指必须十分灵巧才能小心地抓住动个不停的石蜂，不让它挣扎却又不捏得太用力。我们已经看到，从事这种职业，如果说没有别的好处，至少会有被蜂蜇着的收获。灵活一点儿会避开蜇针，但并不都能够避得开，只好听天由命了，何况被石蜂蜇着远没有被蜜蜂蜇得那么疼呢。于是我就把白点点在石蜂胸部。高墙石蜂飞走了，那标记在路上就干了。

第一次我在离塞里昂不远的埃格河冲积地抓了两只高墙石蜂，它们当时正在筑于卵石上的窝里忙着。我把它们带到奥朗日的家里，做了标记后将它们放走了。根据军事地图，这两点之间的直线距离约四公里。我是在将近傍晚石蜂开始结束白天的工作时把它们放走的。因此我的两只石蜂可能要在附近度过夜晚。

第二天早上，我到了蜂窝那儿。天还十分凉，还不能工作。当露水干了的时候，石蜂开始干活了。我看到了一只石蜂，不过身上没有

新科学读本

珍藏版

白点，它带着花粉来到了其中一个窝里，我所等待的旅游者就是从这两个窝里抓到的。这是一只外来者，它发现业主被我抓走的蜂房空着，便在那儿安居下来。它把这个窝作为自己的产业，却不知道这已经是另一个业主的产业。也许它昨夜就在这窝里储备粮食了。将近十点钟，天气十分炎热，宅主突然来到了。对于我来说，它的第一占有者的权利是用不可置疑的字写在胸部上的，那就是滴在上面的白垩点。这是我的一只旅游者回来了。

石蜂穿过麦浪，穿过玫瑰红的驴食草的田野，飞了四公里，现在它回到它的窝了。一路上它还采了蜜，因为这只英勇的石蜂到达时，肚子上全是黄色的花粉。从天涯海角返回自己的家，这真是奇迹；回家还带着花粉，这种理财术真是了不起。对于石蜂来说，一次旅行，即使是被迫的旅行，也都是充满收获的远行。它在窝里发现了外来者。"你是什么家伙？你尝尝我的厉害吧！"业主狂怒地向那只石蜂扑过去，后者也许没有想到自己干了坏事。但是这两只石蜂在空中展开了激烈的角逐。有时它们在空中相距两寸处，面对面几乎一动不动地对峙着，无疑它们在用眼睛互相打量，发出嗡嗡叫声彼此对骂着。然后它们俩，时而是这一只，时而是那一只，又回到有争议的蜂窝上来。我料想它们会肉搏起来，彼此用蜇针来攻击。可是我的期待落空了。对于它们来说，分娩是再迫切不过的使命，不允许它们在一场生死攸关的决斗中为了洗刷侮辱而冒生命的危险。对抗只限于一些敌对的表示，来几下没有什么严重后果的争斗而已。

但是真正的业主似乎从自己的权利感中吸取了双倍的勇气，双倍的力量。它牢牢地站在窝的上面，决心再也不离开。每当另一只石蜂敢于走近时，它便激怒地扑打着翅膀来迎接，这明确无误地表明了它理所应当的愤慨。外来者失去了勇气，终于放弃了，于是这个泥瓦匠立即开始工作。它干起活来是那样的积极，就好像没有刚刚长途跋涉过似的。

关于产权问题的争斗我再讲两句。我们经常可以看到，当一只高墙石蜂外出时，另一只无家可归的流浪者前来光顾这个窝，觉得这窝合它的意，便在那儿工作起来，有时在同一个蜂房，有时在旁边的蜂房，如果有好几个蜂房的话，而旧的窝有好几个蜂房是很常见的。第一个占有者回来时总是要驱赶这个不速之客，后者最后总是溜之大吉。因为蜂窝主人对所有权的意识是那么的强烈，那么的执著。与普鲁士人的野蛮格言"力量胜过权利"相反，对于石蜂来说是，权利胜过力量；否则，就无法解释为什么篡夺者总是退却，尽管它力气丝毫不比真正的业主小。它之所以勇气不那么足，是因为它觉得自己没有权利得到这个至高无上的力量的支持。在同类中，乃至于昆虫之间，权利都要行使权力的。

我的另一个旅游者在第一个旅游者到达的那一天和以后都没有出现。

我决定再次进行测试，这一次用了五只石蜂。出发地、到达地、距离、时间，全都一样。接受实验的五只石蜂中，我第二天在它们的窝里

J.H. FABRE

Les Merveilles de l'instinct chez les Insectes

DELAGRAVE

只找到了三只，另两只没有见到。

因此，我完全可以确认，高墙石蜂被送到四公里远处，在它肯定没有见过的地方释放了，它还会返回自己的窝。可是为什么先是两只中有一只，然后五只中有两只没有回来呢？这只石蜂知道干的，另一只会不知道吗？对它们而言，在陌生的环境中指引方向的能力是不是有所不同呢？或者不如说它们的飞行力有差别呢？我想起了我的膜翅目昆虫在出发时，并不是全都一样的兴高采烈的。有的一从我的手指间逃脱出来便猛地飞到空中，转眼之间不见了踪影；有的在飞了几步之后就掉在我身旁。事情很清楚，这些石蜂可能因为盒子里热得像火炉，在运输过程中受到了损伤。我很可能在做标记时把它们的翅膀的关节弄坏了，做标记这个操作真是难，因为您还得留意不被蜇针蜇着。这些石蜂可能是在附近的驴食草中踯躅的瘸子、残废者，而不是适合长途旅行的强有力的飞行者。

需要再做实验，只观察那些精力充沛地纵身一跃立即从我手指间飞走的石蜂。那些彳亍不前的，那些拖拖拉拉地停在灌木丛旁边的，全都不算。另外我试图尽可能地计算出回窝所需的时间。要做这样的实验，就得有大量的石蜂，羸弱的和瘸腿的（而这些可能相当多）都得扔掉。要收集这么多的实验品，光找高墙石蜂是不行的。高墙石蜂不多见，而且我不想打扰这个小

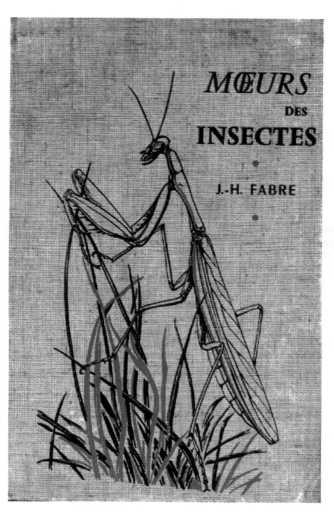

新科学读本

珍藏版

部落，因为我要在埃格河边用它来进行别的实验。幸运的是，在我家草料棚顶的飞檐下有一个非常好的西西里石蜂窝，那儿劳动正在热火朝天地进行。那儿居民人口众多，我可以想要多少就有多少。西西里石蜂个子小，比高墙石蜂小一半多；没关系；要是它们能够飞过我让它们飞的四公里路而返回窝来，那么它们的功劳就更大了。我抓了四十只，像通常一样，一只只分别放在纸袋里。

我把一架梯子靠在墙上好爬到窝那儿去。这梯子是给我的女儿阿格拉艾用的，有了这梯子，她就可以观察第一只石蜂回窝的准确时间。烟囱上的挂钟和我的手表配合使用，来比较出发和到达的时刻。事情布置好后，我带着我的四十个囚犯前往埃格河冲积地高墙石蜂劳动的地点。走这趟路有两个目的：观察雷沃米尔的高墙石蜂和释放西西里石蜂。因此后者返回的距离还是四公里。

我的囚犯终于被释放了，它们胸部中央事先全都点了一个大白点。用指尖一只只摆弄这四十只暴躁的石蜂并不是没事找事干，虽然它们会立即拔剑出鞘，挥动起有毒的蜇针；而且十分常见的情况是标记还没做好，手指已经被蜇了。我那疼痛的手指不由自主地作出防卫的反应，我小心翼翼地去抓，不是怕损坏昆虫，更重要的是怕自己的手指被蜇着。我有时抓得重了些，而没有照顾我的旅游者。进行实验以便有可能把真理的帷幕掀开一小角，这真是美好而高尚的事情，这可以使人们置许多危险于不顾；但是如果在短短一段时间里，手指尖就被蜇了四十下，这也会令人受不了的。对于责备我大拇指用劲太大的人，我建议他重新去试一试，那他自己就会知道这种不愉快的景况是什么滋味了。

总之，或者是由于运输过程中身体疲劳，或者是由于我的手指太用力了点儿，结果也许损坏了石蜂的某些关节，我的四十只石蜂中只剩下二十只飞跃得快捷有力。其他的都在附近的草中游游荡荡，不善于保持平衡；或者我把它们放在柳树上，它们就一直待在那儿，即使我用麦秸去赶，它们也不打算飞走。这些赢弱不堪者，这些肩膀脱臼的残废者，这些被我的手指弄得伤残者，都应该从名单上删除掉。于是从那儿毫不犹豫地飞走的只有二十只左右，这已经足够了。

在刚出发时，石蜂飞行并没有明确的方向，并不像节腹泥蜂在同样的情况下让我看到的那样，直接向它们的窝飞去。石蜂一得到自由，便有的朝这个方向，有的朝相反的方向，四处乱逃，仿佛十分惊慌。尽管它们飞得那么急，可是我认为还是可以看出，朝与它们的窝相反方向飞的石蜂迅速掉头飞回，大部分似乎是朝窝那个方向飞。不过昆虫飞到二十米远就看不见了，对此我只好存疑。

直至此时，天气平静，实验进行得很顺利；可是现在麻烦来

J·H FABRE

LA VIE
DES INSECTES

G.Mauger

DELAGRAVE

新科学读本

珍藏版

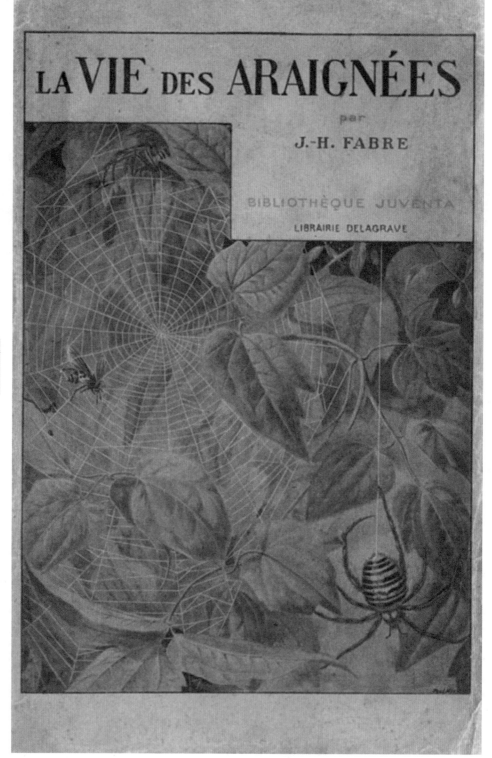

LA VIE DES ARAIGNÉES

par

J.-H. FABRE

BIBLIOTHÈQUE JUVENTA

LIBRAIRIE DELAGRAVE

了。天气闷热，暴雨欲来，天昏地黑，狂风从南边，从我的石蜂们往它们的窝飞的方向刮来。它们能够顶着这股逆风往前飞吗？如果要这样做，它们就得贴着地面飞行。石蜂现在正是这样飞的，而且还继续采着蜜。当它们高飞的时候，可以清清楚楚地辨别地点；可现在，这在我看来是根本办不到的了。于是我在埃格河试图对高墙石蜂再了解一些秘密之后，便带着对我的实验能否成功惴惴不安的心情返回奥朗日了。

我一回到家便看到阿格拉艾满面春风，激动地说："两只，有两只是两点四十分到的，肚皮下面还沾着花粉呢。"这时我的一个朋友来了，这是一位搞法律的严肃的人物。他知道了这件事后，把他的法典和贴了印花的文书都忘掉了，也想亲眼看看我的信鸽们的到达。此事的结果比有关调解共有的墙这样的官司更使他感兴趣。这时候烈日当空，围墙内火炉般的热气蒸人，他不戴帽子，靠灰色浓密的长头发来挡太阳，而且每隔五分钟，他就要爬上梯子。原先我是唯一坚守岗位的观察者，如今又有两双明亮的眼睛监视着昆虫的返回了。

我是在将近两点钟的时候放走我的石蜂的，而头一批是在两点四十分回到窝里，可见它们飞四公里用大约三刻钟的时间就够了。这个结果惊人，尤其是考虑到石蜂一路上还要采蜜，这从它肚子上沾着黄黄的花粉可以看得出来；而且另一方面，旅游者还要逆风飞行，这就更是令人惊奇了。我亲眼看到另外三只回来，也都带着一路劳动的证明，即身上装载着花粉。日近黄昏，无法继续观察了。而事实上，当太阳落山时，石蜂便会离开窝，各奔西东，不知躲到何处；也许到屋顶的瓦片下面或者墙旮旯里去了。我只能在阳光普照、重新工作时，才能知道其他的石蜂有没有回来。

第二天，当太阳召唤分散

各处的工人回到窝里来时，我对胸部标着白点的石蜂重新进行登记工作。实验的成功远远超出了我的期待：我看到有十五只，十五只昨天被赶出窝的石蜂正在储备粮食或者筑窝，就好像什么异乎寻常的事都没有发生过似的。过后，山雨欲来风满楼，暴风雨很快来临了，而且一连几天雨都下个不停，我无法继续我的观察。

即便如此，这个实验也足以说明问题了。我放飞的石蜂中，有二十只当时看来是可以长途旅游的，至少有十五只回来了：两只立即回来，三只在傍晚，其余的在第二天早上。尽管逆风，尽管更严重的困难是我把它们运往的地方对它们来说完全陌生，它们还是回来了。我选来作为出发地的埃格河畔的柳林，对它们来说无疑是初次旅行，它们从没有离开这么远过。在我的草料棚顶的飞檐下筑窝和备粮，一切必需品都在手边。墙脚的小路提供灰浆，我房屋四周开满鲜花的草地提供花蜜和花粉。它们十分节约时间，不会舍近求远到远离四公里的地方去寻找离窝几步路多的是的东西。何况我每天都看到它们从小路上取得建筑材料和在草地的花朵，特别是在草地植物上，采集花蜜和花粉。由此看来，它们远征的范围方圆不会超过一百米。那么被我带到异地的这些昆虫是怎么回来的呢？是什么东西给它们指路的呢？肯定不是记忆，而是一种特殊的能力。我们只能根据其惊人的后果确认有这种能力，而别想加以解释，因为这种能力是我们的心理学解释不了的。

 阅读提示

选自《昆虫记》，梁守锵译，花城出版社2001年版。

随着近代科学的诞生和壮大，对于事物的分析和研究也越来越深入和细化，分析、实验的方法成为科学研究的主流方法。但在历史上，也还曾有过另外的对于自然进行观察和研究的传统，即博物学传统。不过这种传统已经渐渐地不再在科学研究中占主导地位。如今，一些人呼吁对于博物学传统的恢复，这种恢复至少有两个好处，其一，有利于公众可以以简易可行的方式来接触科学，其二，有利于恢复那种在现代已经逐渐淡化了的对自然的欣赏和亲近。将近100年前，法国昆虫学家法布尔的巨著《昆虫记》是一部将博物学传统发挥到极致，将科学与文学完美相结合的名著，其中表现出来的对于自然界中生命的尊重与热爱，值得我们反复重温。我们可以想一想，现在，我们还有那样的热情来观察自然、观察自然界的生命，并因这样的体验而惊叹自然造化的巧夺天工吗？

天　牛

[法] 法布尔

　　我在青年时代，看到天牛著名的形象时，往往会沉思好大一会儿。天牛有天赐的嗅觉，它闻着一朵玫瑰花，然后仅仅靠着所闻到的香味，便可以产生各种各样的念头了。那时我看到，我相信自己看到了，天牛靠着鼻孔一嗅便活跃起来，产生了注意、记忆、判断以及整个心理活动，就像一洼死水，扔进一粒石子，便苏醒过来，布满了涟漪一样。在我最好的老师———昆虫的教导下，我放弃了我的幻想。天牛将要告诉我们的事，比神父对我说的要奥妙得多。

　　当灰沉沉的天空预兆冬天即将来临，我正准备着储藏取暖木柴时，我找到了一种心爱的消遣办法，它能让我在日复一日的笔耕中散散心。我特别叮嘱樵夫，在砍树时选择一些最老、损坏得最严重的树干。我的爱好使他觉得好笑，他寻思我究竟出于什么怪念头，不要没有毛病、更经烧得多的木头，却要生虫的木头。我有我的打算，他按我的吩咐办了。

▲ 法布尔

　　我那非常理想的橡树干遍体鳞伤，肚子裂开，渗出棕色的、带皮革味的浆液。在你的身上有什么东西呢?有着对我的研究来说真正宝贵的东西。有成群的各式各样准备过冬的昆虫，把木头干枯腐败的部分，作为它们冬天的宿营地。在由吉丁虫挖出来的平巷里，黑切叶蜂把经过咀嚼的树叶做成浆来筑它们的蜂房;茶切叶蜂在被抛弃的蛹室和前厅，放着它们的树叶袋;而天牛的幼虫则定居在有丰富液汁的活的木头里，天牛是毁灭橡树的罪魁祸首。

　　比起那些构造优良的昆虫来，这些幼虫是多么奇特啊!一节会爬的肠子!有一年中秋时节，我看到了两种年龄的幼虫。年纪最大的几乎有指头粗，另一种几乎不到一支铅笔的直径。我另外还找到了一些多少带有颜色的蛹，肚子鼓胀得已成形了，它们走出树干，来到温暖的地方。它们在树木里的生命是三年。它是怎么度过这么漫长而孤独的囚禁生活的呢?它在粗粗的橡树干中懒洋洋地闲逛，它在钻洞筑路，用挖出来的东西作为食物。人们用"吃掉了空间"来比喻约伯的马跑得飞快。用它来形容天牛的幼虫也是再恰当不过了，它的的确确把它的路吃掉了。它用它那木匠的半圆凿———黑色、无齿、凹成匀状、边缘锋利、粗壮的短颚，挖掘着通道的来回工作面。它切削下来的碎屑，是它一口啃下来的东西，这碎屑通过胃，排出了一点点儿汁，堆在幼虫身后形成蛀痕。工程清除出来的杂物进入工人的肚子后，留下了自由的空间。劳动的作品既是营养物又是道路，道路一面挖出来，一面吃掉;一面向前延伸，一面在后头堵塞起来。所有会钻木头、向木头要食物和藏身所的昆虫都是这样操作的。

▼ 巨大的橡树。

为了它那双重的半圆凿能进行艰苦的工作，天牛的幼虫把肌肉的力量集中在身体的前部，使之鼓起成为夯头。吉丁虫的幼虫也是勤劳的木匠，它的形状也与天牛的幼虫相似；它们甚至把夯做得更大。进行剧烈劳作、雕挖硬木的身体部分应当拥有壮实的体质；而其余部分，由于只需要跟随着前进而已，所以一直都纤细瘦弱。颚作为劳动工具必须有牢固的支持和强有力的运动机制。天牛的幼虫用一种黑色角质作为强固的盔甲包住嘴巴来加固它的半圆凿；但是除了挖掘工具和头颅外，幼虫的皮肤细腻得像锦缎，白得像象牙。这种无光泽的白色来自于一层丰富的脂肪，幼虫饮食贫乏，简直让人难以想象它会有这么多的脂肪。的确，从早到晚，时时刻刻，啃呀啃呀，这就是它唯一的食物。从木头转到它胃里的东西补充了些许的养分。

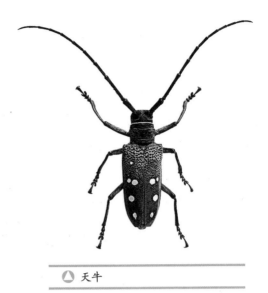

△ 天牛

它的脚有三部分，第一部分小球状，最后一部分针状，这些脚是退化的器官残存的余迹。脚长几乎不到1毫米，对于往前爬行是毫无用处的；再者，由于胸部肥胖，脚够不到支撑的平面，所以就悬在空中。幼虫的运动器官属于另一类型。金匠花金龟的幼虫让我们看到，它怎样借助纤毛和脊柱的肥肉，把普通的习俗颠倒了过来，用背来走路。天牛的幼虫比它更巧妙，既用背又用肚子来行进；它背离常规，用生长在背部的一些像脚一样的步行器，来代替胸前那些没用的脚。

腹部的头七节上下都有一个四边形平面，布满着粗糙的乳头，幼虫可随意使这些乳头鼓胀、凸出，或者压缩、摊平。上面的那个四边形平面由两块肥肉组成，背部的血管把它们分隔开来；下面的那个平面看不出有两块肉。这些便是运动器官，就是幼虫的步带。如果想前进，幼虫便鼓起背上和肚子上的后步带，压缩前步带。由于表面粗糙，后步带固着在狭窄的通道壁上，支撑着幼虫；前步带的压缩使直径缩小，幼虫便可以向前滑动，行走半步。为了走完一步，它还要把身体的后部收缩起来，补上身子整个往前延伸的部分。为此它鼓起前面的肥肉来支持着身子，而收起后面的步带，使它们能够自由地收缩。

借助于腹背的双重支持，借助于轮番的胀缩，幼虫在巷道里进退自如。这巷道就像一个模子，幼虫塞满了模子，没有一点儿空隙。但是如果上下两面的行走步带只使用一面，那就不可能进退。我把幼虫放在光滑的木板桌子上，幼虫慢慢地弯曲起身子乱动着；它伸长、收缩身子，但没能前进一步。我把它放在一块劈开的橡树上，树块表面粗糙，凹凸不平，幼虫扭动身子，非常缓慢地左右摆动身体的前部，抬起一点儿，放下，又抬起，尽最大的努力摆动着。而那些退化的脚一直没有活动，毫无用处。那么为什么要有这些脚呢？如果在橡树内爬行真的使它丧失了原初发达的脚的话，那么现在宁愿完全没有这些脚好了。环境的影响使幼虫长着步带，真是太绝妙了；可是让它保留着残肢，却又太可笑。是否出于偶然，机体组织遵从着别的一些法则而不是环境的法则呢？

无用的脚一直保留着，而天牛那非常敏锐的眼睛，这未来器官的胚芽在幼虫身上却丝毫见不到。它没有一点点儿视觉器官的痕迹。在黑漆漆的粗大树干里，视觉有什么用呢？同样，幼虫也没有听觉。在深深的橡树里，寂静从来都不会被打破，所以听觉也是没有意义的。在没有声音的地方，何必要有听的能力呢？如果有人对此表示怀疑的话，我可以用如下的试验作为回答。把幼虫的住所直劈开来，留下半截的通道，使我能够从那里注视着居住者的行为。它没有受到打扰，它用步带把自己固定在小沟的两侧，时而啃木头，时而休息。我利用这安详平静的时刻，了解了它的听觉。我用硬物相撞，敲金属东西，用锉锉着锯子发出吱嘎声，都没有用，幼虫一直都漠不关心，连皮也没皱一下，它没有任何惊动的样子。我用尖头的工具刮着它旁边的木头，模仿它身旁的幼虫在啃中间树层的声音，但也没有取得更好的效果。不管我施展什么办法，它都像是无生命的东西一样无动于衷。天牛的幼虫是个聋子。

它有没有嗅觉呢？各种情况都说明它没有嗅觉。嗅觉是寻找食物的助手，可天牛的幼虫用不着寻找食物。它以自己的住所为食粮，它以为它遮蔽风雨的木头维生。让我们再做做试验吧。我在一根柏树上挖了一个直径与自然通道一般大的小沟，把幼虫放进沟里。柏树的木头很香，它具有大部分针叶树类所特有的那种树脂味。幼虫被放到香味浓重的沟里，它爬到尽头，然后再也不动了。这种漠然的一动不动岂不证实了它没有嗅觉吗？它向来是住在橡树里的，这树脂香对它来说是非常怪的味道，本会使它感到不舒服，使它不安的，而这不愉快的感觉本应该表现为一些烦躁的反应，企图离开这地方的。可是它丝毫没有这样的表示。它一旦在这小沟里找到合适的位置，就不再动了。我再进一步试验。我在它天然的通道里，把一撮樟脑放在它面前很近的地方。仍然没有效果。用了樟脑后，又用萘，还是没有用。经过这些徒劳的试验，我认为我说天牛的幼虫没有嗅觉是不会出太大问题的。

有味觉是无可争议的。但那是什么样的味觉呢?食物是老一套的，三年中吃的都是橡树木头，没有别的。对于这种单调的食品，幼虫的味觉器官能够品尝出什么来呢?吃一口含汁的木头，是皮革的香味;吃一口太干的木头，就没有什么调味品了。这也许就是它所能品尝出来的全部滋味变化了。

剩下的是触觉。它的触觉是漫无目的、被动的:凡是有生命的肉，用小针一刺，便会因疼痛而颤动，天牛幼虫的触觉也就是仅此而已。如果总结一下天牛幼虫的感觉能力，可以把它归结为味觉和触觉两种，但两者都是很迟钝的。我们现在几乎已经把天牛的情况都掌握了。哲学家心目中理想的天牛只有一个感觉，即味觉，同我们的味觉一样灵敏;而蛀蚀橡树的真正的天牛，则有两个感觉。这两种感觉却不及理想的天牛，不能嗅出玫瑰的香味，

柏树林

也不会把玫瑰香和别的香味区别开来。事实与虚构太大相径庭了。

一种消化器官如此强而感觉能力却如此弱的造物，它的心理会是什么样的呢?我们幻想中多次产生了不切实际的希望：希望它能够用我的小狗那样简单的头脑来思考几分钟时间，能够用一只小蝇的复眼来看看这个世界。要是由这样的幼虫的智力来解释世界的话，世界会有多么大的改观啊!触觉和味觉得到的教益给天牛那粗陋的感觉接受器带来了什么呢?很少，几乎什么也没有。这种昆虫知道最好吃的东西有皮革味，没有细心刨过的走道壁会弄疼皮肤。这便是它所获得的知识的极限了。对于它来说，有敏感的嗅觉能够回忆、比较、判断、推理，则是奇妙的技能，是无瑕的珍宝，是造物者非常慷慨地给予的好处。天牛的幼虫，这个处于半睡眠状态的大肚子，它会消化，可它会回忆吗?会比较吗?会推理吗?我把天牛的幼虫定义为一段会走路的肠子。这个非常确切的定义给了我这样的答案：这幼虫对感觉的全部概念就是一段肠子所可能具有的概念。

可是这个微不足道的东西却有着极其卓越的预见性；这个大肚子对现在几乎一无所知，可对未来却看得很清楚。现在让我们对这件奇怪的事作个解释吧。幼虫在三年中，在树干深处游逛；它爬上，爬下，歪到这边，也歪到那边，离开一处沃土，到另一处味道更好的地方，但都不会离开橡树深层太远，因为深处温度比较暖和，也更安全些。终于，对这个隐遁者来说危险的一天来到了，它不得不离开这个卓越的隐居地去迎战地面上的一切危险。光吃还不够，它必须从这里出去。对于它来说，由于拥有巧妙的工具和肌肉的力量，通过在木头中钻孔，它愿意到哪里去都是毫无困难的；但是未来的天牛，它要在露天下度过短暂的时期，

法布尔

🔺 树洞是天牛理想的家。

它有没有同样的特长呢?这个在树干中孵化的长角动物,它会不会开辟出一条解放的道路呢?

　　这便是幼虫靠神明的启示而加以解决的困难。我求助于试验来探察这问题是怎么解决的。我首先看到天牛是绝对不可能利用幼虫挖的通道离开树干内部的。这是一座非常长、非常不规则的迷宫,牢牢地堆满了蛀屑。这条通道的直径从尾部往前面逐步缩小。幼虫进入木头时就像一根小草茎那么细,而现在有一个指头粗了。它在3年的长途旅行中,总是按照身体的模样来挖通道。所以很明显,幼虫进入和走动的道路不能作为天牛爬出树木的道路,天牛触须粗,腿长,外壳不能弯曲,要想在狭窄曲折的走道中去蛀蚀木头,清除碎屑,大大予以扩充,这就必然会遇到无法克服的困难。如果直接在新的木头中,在自己面前挖一条直路,费的劲就会少些。天牛能不能这样做呢?咱们看看吧!

　　在劈成两半的几截橡树木头内,我挖了一些大小适宜的住所,在每个人造小室里放一只刚刚蜕变出来的天牛。劈开的两片木头合在一起,用铁丝捆着。到了6月,我听到圆木头里有搔扒的声音。天牛会出来吗?天牛出不来吗?

在我看来求得解放是不要花太大劲的，只要穿通两厘米的木头就行了。可是没有一只天牛钻出来。当里面没有搔扒的声音时，我把圆木头打开，关在里面的囚犯全都死了，一个也不剩。一点点儿木屑，还没有一撮烟草多，这便是它们的全部作品。

我原以为它们的颚这粗壮的工具会有出色的表现的，但是，有好工具不等于就是好工人，这一点我们已经认识到了。尽管它们拥有挖掘工具，这些幽禁者由于缺乏技巧，在我的囚牢中死掉了。我又对别的一些天牛进行了不那么严格的测试。我把它们关在宽大的芦竹节里，要戳破的障碍物就是天然的隔膜，这隔膜并不太硬，厚度只有三四毫米。有的钻出来了，有的钻不出来。那些最不勇敢的天牛被柔弱的栅栏挡住前进不了，死了。如果它们要钻破厚厚的橡木会是什么情况呢!

现在我们都明白了：天牛尽管貌似强壮，却无法自己从树干里出来。要开辟解放之路，还要靠像一节肠子样的幼虫发挥智慧。天牛的蛹身上有钻头，为这个纤弱的双翅类昆虫开路。受着某种对我来说是神秘莫测的预感的推动，幼虫离开了橡树的内部，离开了它那平静的隐居所，离开了它那不可攻克的城堡，走向外部世界，走向敌人———啄木鸟栖息的地方，啄木鸟会把这美味的香肠作为自己的美食。但是幼虫冒着性命的危险，顽强地挖着，啃着，直至树的皮层，只留下很薄的一层没有戳破，以此作为薄薄的帘子。有时，胆子大的甚至把窗户整个都打开。

这便是天牛的出口洞，它只要用嘴尖稍微锉锉这窗帘，用头拱一拱，就能够戳破了;如果这窗户没有东西堵塞的话，它甚至什么事都不要做。当天热的时候，这个浑身披挂着稀奇古怪的羽饰而拥塞在树洞里的笨拙的木匠，便通过这个洞口，从黑暗中出来了。

在操心了未来之事后，要操心眼前的事了。刚刚打开了解放之窗的幼虫，退到过道不太深的地方，在出路的旁边给自己挖了一个蛹室，我还没见过一间房间里有这么多丰富的设施和防备得这么严密。这是个宽敞的扁椭圆形的窝，长达80~100毫米。截面的两条轴线，横的长25~30毫米，纵的只有15毫米。这个尺寸比成虫的长度更长些，我下面将谈到它怎样掀掉防御工事，当这个时刻到来时，这种尺寸就使成虫的腿有行动的自由了。

所谓的防御工事，就是幼虫为应付外部的危险而设立的栅栏门，有两道甚至三道。外面是一堆木屑、木片，里面是一个矿物质的白色封盖，呈凸的弯月形，由一块东西构成。除了这两层外，常常(但并不总是如此)在第二层后

⬆ 天牛

面还有一层碎木屑。蛹室四壁有碎末，就像用碎木纤维做的丝绒，贴在壁上至少有1毫米厚。这样蛹室的四壁都用细双面绒挂上了壁毯，这是幼虫给娇嫩的蛹精心准备的。

　　现在再看看最奇妙的装备———进口处的矿物质封顶。这是个椭圆形的帽状盖子，白色，如石灰般坚硬，内面光滑，外面有结节，很像橡栗的外壳。这种结节表明这帽状盖子的材料是由一小口一小口吐出来的黏性物构成的。外头那一面，幼虫够不着，无法加以修饰，所以凝固得微凸；而里头的那一面，幼虫够得着，所以弄得很光滑。这种奇怪的堵塞物是怎么样呢?它易碎，像钙片那样硬，在硝酸中不用加热便可溶化，发出小气泡。不过它溶解得很慢，一小片要好几小时，除了几粒淡黄色的东西之外，这可能是有机物，其他的全都溶解了。这个封盖纯粹是由石灰的碳酸盐和一种有机凝合剂构成的，这有机物可能是蛋白质，它使石灰浆坚硬起来。

　　如果我有可能的话，我真想探究一下这种石灰质的东西是存放在幼虫的什么器官里的。不过我深信是在它的胃里。

　　挖掘好出路，给蛹室挂好天鹅绒并用三重栅栏关好后，灵巧的幼虫就完

天牛

成任务了。它放弃了它的工具，蜕了皮，变成了蛹。蛹非常衰弱，处于襁褓时期。它躺在柔软的床上，头一直朝向门的那边。表面上，这是无足轻重的细节，但事实上这一着是非常关键的。对于幼虫来说，在长长的小室里，头朝这个方向还是那个方向躺着是无所谓的，它非常灵活，在狭窄的小室里可以翻身，随便什么姿势都可以。未来的天牛就没有这样的特权了。天牛硬邦邦的，浑身裹着带角的盔甲，无法整个掉转头翻过来，甚至如果过道陡然有点儿曲折使得通行有点儿困难的话，它连稍稍弯个身子都做不到。它出口的门必须绝对就在它的前面，否则就有死在洞里的危险。如果幼虫忘记了这小小的手续，如果它头朝蛹室的底部躺着，天牛就非死掉不可，蛹的摇篮就将变成无法走出的黑牢。

但是不必担心这种危险：这一节肠子对未来的事情有着渊博的知识，不会忽略掉头要朝门这个环节。到了将近春末时，天牛浑身是劲，想享受欢乐的阳光，想参加光辉的节庆，它要走出洞穴了。它发现面前有什么东西呢？一堆木屑，它只要腿扒几下就扒掉了；然后是一个石盖，它用不着把石盖砸碎，只要头顶几下，脚踢几踢，盖子就整个松动，从框框里脱落了。我发现封顶完好无损地搁在被抛弃的住室的门口。最后是第二堆木纤维的碎屑，同第一堆一样很容易就可以扒掉。现在道路通行无阻了。天牛只要顺着宽敞的前厅就可以不出差错地来到出口处。如果窗户没有打开，它只要咬咬一张薄薄的窗帘就行了，这是轻而易举的事；现在它出来了，长长的触须兴奋地颤抖着。

它能使我们了解些什么呢?什么也没有;可它的幼虫却告诉了我们许多。幼虫的感觉能力这么差,可它的预见性却是如此奇妙,令我们深思。它知道成年天牛不可能为自己打开一条穿越橡树的道路,它冒着自己的性命危险为天牛准备一条通路。它知道天牛盔甲僵硬,无法转身到达住室的洞口,便关怀备至地让蛹头朝门口睡着。它知道蛹的肉很嫩,便在卧室里铺上双面呢子的壁毯。它知道在缓慢的蜕变过程中可能会有坏蛋的入侵,为了给蛹室设置屏障,便在胃里储藏着石灰浆。它能够清楚地看到未来;更确切地说,它的一举一动,就像它了解未来会发生什么事一样。它怎么会这样行动呢?肯定不是来自于感觉的经验。它对外部世界了解些什么呢?再重复一遍,那就是一节肠子所能知道的东西。可是这种没有感觉的状态却使我们赞叹不已。我很遗憾,精明的逻辑学家不曾设想这幼虫具有某种本能,否则他就会很快承认,除了由于感觉而得到的概念之外,动物,包括人在内,都有某些精神方面的本能,某些天生的而不是后天得到的启示。

 阅读提示

选自《昆虫的故事》,梁守锵译,北京大学出版社2007年版。

法布尔(Jean-Henri Casimir Fabre, 1823—1915),法国昆虫学家,动物行为学家,文学家。被世人称为"昆虫界的荷马,文学界的维吉尔"。法布尔以丰富的知识和文学造诣,并整理多年观察所积累的资料,把昆虫学上的科学新知识与各类自然科学知识介绍给生物学和昆虫学爱好者,使虫子们变成人们喜爱的对象,在蔚蓝的天空下,在鸟语花香中带给人们美的感受。

恐龙愚蠢吗？

[美] 古尔德

　　当穆哈默德·阿里未能通过军队智力测验时，他俏皮地说（在这次测试中，他却没有表现出这么机敏）："我只说过我是最伟大的，我从未说过我是最聪明的。"按照我们的比喻和童话，身高体大者总是智力贫乏，机灵是小个子的避难之宝。例如，兔兄智胜熊老弟；大卫用一个弹弓打倒了歌利

▼ 梁龙

雷龙

亚；杰克被豆茎绊倒。迟钝是巨物悲惨的弱点。

19世纪恐龙的发现，成了一个典型的案例，说明身体的大小与聪明之间的反比关系。恐龙脑子很小，身躯庞大，是笨拙愚蠢的象征。它们的灭绝似乎只说明它们的身体构造有缺陷。

一般认为，像恐龙这样的庞然大物无法因为特有的优势——巨大的体力——而受益。上帝没有赞叹过庞然大物的智力，但他确实对其巨大的体力表示过惊奇："看，它的精力全在它两腰，它的力量在它腹部的肌肉；它挺起尾巴像株香柏……它的脊骨好似铜管，它的骨骸有如铁杠。"另外，重建的恐龙都是迟缓和笨拙的。有一个标准的例证：雷龙涉过一个泥塘，因为它无法在陆地上支撑它那庞大的身躯。

从通用小学课本中，可以进一步证明正统学说的流行。我依然保留着三年级的课本（1948年版），是伯莎·莫里斯·帕克的《昨日的动物》；我承认是从公立女王学校偷来的（对不起，麦金纳尼女士）。在这本书中，一个小男孩（通过心灵传输到了侏罗纪）遇见了雷龙：

雷龙是巨大的，但你可以根据它的小脑袋知道，它肯定很愚蠢……这个

如何在太空安家

庞大的动物行走和进食时动作很迟缓。它活动缓慢不足为怪，因为它那巨大的脚很重，巨大的尾巴很难拖动。你不必惊讶为什么雷龙喜欢待在水中，因为水能托起它巨大的身躯……巨型恐龙曾是地球之王。它们为什么消失了？你大概已经猜到了其中的部分原因……它们的身躯太大，脑太小。如果它们的身体再小些，脑袋再大些，可能还会生存下去。

在这个"彼此平等"的时代，恐龙的形象已经有了很大的改变。多数古生物学家现在倾向于认为，恐龙是精力充沛、有活力、有体能的动物。上一代人认为雷龙主要在池塘打滚，而这一代人则认为雷龙主要在陆地上奔跑；而且两个雄性雷龙，在为争夺雌性而进行的复杂搏斗中，还能将脖子扭在一起（很像长颈鹿可以扭曲的脖子）。现在的解剖重建，再现了恐龙的强壮和灵敏，而且许多古生物学家现在相信恐龙是热血动物。

热血恐龙的观点引起了公众的关注，已经发表了大量有关的著述。然而人们都很少关注恐龙的另一个已经证明存在的能力，我却以为，对于恐龙来说，这种能力和热血性有同样的意义。我指的是愚蠢与身体大小的相互关联。我在这篇文章中所支持的修正主义解释，并没有把恐龙捧为才智非凡的典范，但是却认为恐龙的脑根本就不小。就具有那么庞大身躯的爬行动物而言，恐龙的脑"正好"。

我不想否认，按照我们主观的头重必然脚轻的见解看，身躯庞大的剑龙的扁平状小脑袋里所含的脑量可能太小了，但是我想指出，我们不可能指望剑龙有更大的脑。首先，与小型动物相比，大型的动物的脑相对而言比较小。在同源动物中（例如所有爬行动物，或所有哺乳动物），脑大小与身体大小的相关变化是规则的。从小型动物到大型动物，从老鼠到大象，从小蜥蜴到巨蜥，脑量是增加的，但是脑的增加不像身体的增加那么快。换句话说，身体的增加快于脑的增加，或大型动物的脑重与身体重比低。事实上，脑增加速度仅为身体增加速度的2/3。因为我们并没有理由相信大型的动物比其小型的亲戚更愚蠢，所以我们必然会认为，大型动物仅需相对小的脑就可以做得像小型动物一样好。如果我们不能认识到这种关系，我们很可能低估大型动物——特别是恐龙——的心智能力。

其次，在脊椎动物的所有类群中，脑与身体大小的关系并不一样。所有脊椎动物的脑增长都具有同样的相对低于身体增长的速度，但是小型哺乳动物比体重相同的小型爬行动物的脑量大；体重更大的哺乳动物与爬行动物相

⬡ 三角龙

比，至少也具有同样的差异，因为在两个类群中，脑增加的速率相同，都是身体增加速度的2/3。

所有大型动物的脑都相对比较小，同时，不同体重层次的爬行动物和哺乳动物相比，脑都要小；我们把这两个事实同时考虑，那么我们能指望大型爬行动物什么呢？答案是，它们的脑既不太大，又不太小。现存爬行动物的体积不及恐龙的一半，所以我们找不到现成的标准来建立有关恐龙的模型。

幸运的是，我们不完备的化石记录，这一次没有太令我们失望，为我们提供了恐龙脑化石的资料。在许多恐龙种中，都发现了保存极好的颅骨化石，从中可以测定出颅量。（由于在爬行动物中脑并不充满整个颅腔，因此

新科学读本
珍藏版

△ 鱼龙

必然要采用一些具有创造性、并且又合理的方法，根据颅骨来估计脑的大小）利用这些资料，我们可以清楚地检验恐龙智力低下的传统假说。我们应该承认，以爬行动物作标准最为合适，恐龙的脑比人和鲸的脑小，则是无关紧要的问题。我们已经有了大量有关现存爬行动物脑及身体大小的资料。因为我们知道，在现存物种中，从小型身体到大型身体，脑增大的速度为身体增加速度的2/3，所以我们可以根据这一速度，来推断恐龙的脑，看一下恐龙的身体这么庞大，它们的脑是否符合我们根据现存爬行类所做的估计。

亨利·杰里森研究了10种恐龙的脑大小，他发现它们非常符合我们根据爬行动物推导出的曲线。恐龙的脑并不小，与它们这么庞大的爬行类相比，脑的大小正好。远远大于帕克太太解释恐龙时估计的脑量。

杰里森在研究时，并没有对不同种类的恐龙做一下区分。他研究的10种恐龙分别属于6大类群，不太适合相互比较。最近，芝加哥大学的詹姆斯·A.霍普森收集了更多的资料，做出了令人满意的发现。

　　霍普森没有适合所有恐龙的统一标准。因此，他针对每一个恐龙，比较了和我们预期体重相当的爬行类的平均脑重。如果恐龙的脑重正好在标准的爬行类脑重曲线上，那么它的脑值为1.0（叫做脑化系数，或EQ，是实际脑重与相同体重爬行类的标准脑重比）。如果恐龙的脑重位于曲线上方（比相同体重的标准爬行类的预期脑量还要重），EQ值大于1.0，位于曲线下方的EQ值小于1.0。

　　霍普森发现，主要恐龙类群的EQ值都高于平均值。这种情况与推断出的恐龙具有快速的奔跑速度、灵活性和进食中的复杂行为（或逃避被捕食）非常符合。巨型的蜥脚类雷龙及其近亲的EQ值最低，为0.20至0.35。它们的活动一定很缓慢，没有很大的灵活性；它们可能仅仅仰仗庞大的身躯来防止被捕食，就像今天的大象一样。接下来就是有甲壳的甲龙和剑龙，它们的EQ值为0.52至0.56。这些动物有沉重的甲壳，大概主要用于被动防御，但是，甲龙棒状的尾和剑龙短剑状的尾可能是用于主动搏斗的，从而使它们的行为具有一定的复杂性。

　　接下来的是角龙类，它们的EQ值为0.7至0.9。霍普森认为："大型角龙类

⬡ 剑龙

头上有角，主要采用主动防御的策略，它们在避开捕食者和种类竞争者时，大概比用尾巴作武器的恐龙需要更大的灵活性。小型的角龙类没有真正的角，大概要靠敏感和快捷来逃避捕食者。"鸟脚类（鸭嘴形恐龙及其近亲）是脑最大的草食类，EQ值为0.85至1.5，它们靠"敏锐的感觉和快速的奔跑"逃避肉食类。快速的奔跑大概需要比原地防御更敏锐、更灵活。在角龙类中，原角龙身体小，没有角，或许跑起来很快，它们的EQ值要比头上有三个角的三角龙更高。

肉食类恐龙比草食类恐龙的EQ值高，这和现在的脊椎动物一样。抓获迅速奔跑或顽强抵抗的猎物，要比摘采静止的植物需要更多的智力。巨大的兽脚类（霸王龙及其近亲）的EQ值从1.0至大约2.0。EQ值最高的恐龙，是体型不太大、好动的腔骨龙类中的窄爪龙，它们的EQ值高达5.0。窄爪龙要捕捉快速奔跑的猎物，其中包括小型哺乳类和鸟类，因此无论在发现还是捕捉到猎物方面，都要面临比霸王龙抓到三角龙还要大的挑战。

我并不想简单地声称，脑的大小等同于智力，或在这个案例中，声称脑

▽ 霸王龙

大小等于行为的复杂性和灵活性（我不知道在人类中智力的含义是什么，对于一些灭绝的爬行动物类群的智力含义就更不了解了）。在同一物种中，脑大小与脑能力的关系不大（具有900毫升脑的人可以与具有2500毫升脑的人同样出色）。但涉及不同物种的比较时，大脑大小差异很大的情况下，似乎就有一定的道理了。我并不认为我们之所以可以取得比树袋熊（我很喜爱它们）大得多的成就，与我们的EQ值大大超过它们无关。恐龙中明显存在的等级差别也表明，即使用脑大小这个粗略的标准，也能说明一些问题。

　　如果行为的复杂性是心智能力的一种结果，那么我们很有可能通过恐龙中某些协调、聚集和识别的社会行为，揭示出恐龙心智能力的标记。我们做了这项工作，然而，在人们错误地认为恐龙的行为总也免不了迟钝时，忽视这些标记便不是偶然的了。已经发掘出许多恐龙的足迹，而且有证据表明，二十多个恐龙能以平行的方式行走。某些恐龙是群居性的吗？在（美国）达文波特大牧场发现的蜥脚类恐龙的足迹中，小型脚印在中间，大型脚印在外边。某些恐龙的行进有可能很像今天高等的草食性哺乳动物那样，大型成体在外围保护中间的幼仔吗？

🔺 恐龙的足迹化石

　　此外，对于生物学家来说，恐龙身体的某些结构显得太古怪，似乎没有什么用途，像壮龙精致的肉冠，鱼龙类突出的皱褶和角，肿头龙头上9英寸的硬骨，而现在这些可以得到合理的解释，它们是性展示和竞争中的装置。肿头龙可能会像今天的山羊那样用头来顶撞。某些壮龙的肉冠式样很像共鸣箱，它们进行吼叫比赛吗？鱼龙类的角和突出的皱褶，可能在争夺配偶的搏斗中充当剑与盾。由于这些行为不仅很复杂，而且表明恐龙有精细的社会体系，所以我们无法想象，具有这样社会体系的动物难道只会愚蠢地在泥里打滚。

　　但是最能说明恐龙能力的、可能也是最常被引为对它不利的事实——它们死亡了。在许多人看来，灭绝含有太多的含义，就像人们最近赋予性很多含义一样；性是一个相当有争议的问题，经常发生，但每个人的看法又不同，而且确实没有合适的圈子来讨论。但是灭绝像性一样，是生命不可缺少的一部分。灭绝是所有物种的最后归宿，并非只有身体构造式样不佳的不幸生物才灭绝。灭绝不是失败的标志。

　　恐龙最明显的特征不在于它们的灭绝，而在于它们在地球上主宰的时间太长。恐龙统治了1亿年，而那时的哺乳动物还是小型的动物，一直生活在恐龙世界的缝隙之间。哺乳动物占据统治地位7000多万年后，我们有了出色的成绩和美好的前景，但是我们哺乳动物现在并没有恐龙统治地球的时间长久。

这样看来，人类简直不值一提，就是从南方古猿算起，也才有500万年的历史，而我们这个种，智人种，仅有5万年的历史。用我们的价值系统试图做一个最终的测试吧：谁敢打赌说智人种会比雷龙生存的年代长？

 **阅读提示**

选自《熊猫的拇指》，田洺译，三联书店1999年版。

在自然博物馆中，巨大的恐龙骨架通常会吸引众多参观者的注意力，恐龙也是对青少年极具吸引力的话题。在写有多种科学随笔的美国著名进化论研究者、古生物学家、科学史家和科学散文作家古尔德笔下，恐龙的智力问题，居然可以谈得如此令人叫绝。当然，这不仅仅是古生物学知识的普及，其中，也表现出了作者的哲学思考。

如何在太空安家

业余研究者的蚂蚁实验

[美] 费恩曼

蚂蚁如何认路？

我住的宿舍里有一个凸到外面的窗，窗槛是U字形。一天，有些蚂蚁爬到窗槛上逛来逛去。我突然好奇起来，很想知道：它们是怎样找到东西的？到底它们怎样知道该往哪里去呢？它们能不能互相通报食物在哪里，就像蜜蜂那样？它们对事物的外表有没有知觉？

当然，这些都是外行人才会问的问题；大家都知道答案，只有我不知道，因此我要做些实验。首先我把一条绳子拉开绑在窗子的U字形上，把一张硬纸片折起来，在上面沾满糖，然后挂在绳子的中央。这样做的用意，是要

▼ 正在搬运面包屑的蚂蚁

🔺 前进中的切叶蚁队伍

把糖和蚂蚁分隔开，使蚂蚁不能碰巧地找到糖，我要好好控制这个实验。

接下来我折了很多小纸片，这是用来运蚂蚁的。纸片放在两个地方，一些挂在绳上，在糖的旁边；另一些放在蚂蚁出没的地点。整个下午我就坐在那里，一边看书一边监视，直到有蚂蚁跑到我的纸片上，我便把它搬到糖那儿。搬了几只蚂蚁过去之后，其中一只偶然跑到旁边的纸片上，我又把它搬回来。

我想看的是，要过多久其他蚂蚁才知道这个找食物的通道。结果是一开始时很慢，后来却愈来愈快，我运蚂蚁运得应接不暇，简直快发疯了。

当这一切正在热烈进行之际，我突然开始把蚂蚁从糖那里送到别的地方去。现在的问题是，它们到底会爬回最初的地方，还是会跑到它刚刚待过的地方？

过了一会儿，我放纸片等蚂蚁的地方清闲得很，一只蚂蚁也没有（如果爬到这些纸片上，经由我的运送，它们便可以再回到糖那里）；但在第二个地方，却有许多蚂蚁徘徊找它们的糖。因此我的结论：它们都跑回刚刚待过的地方。

另一次，在通往窗槛的糖的通道上，我放了很多显微镜玻璃片，让蚂蚁走在上面。然后，我改变玻璃片的排列顺序，或者是用新的玻璃片把其中一些旧的替换掉。我证明了蚂蚁对物件的外表是没有知觉的，因为它们搞不清楚东西在哪儿。如果它们循着一条路而找到糖，但同时有更短的路可以回来，它们也永远找不到这条较短的路。

而重新排列玻璃片，也清楚显示了蚂蚁会留下一些痕迹。接下来，我很容易便安排了许多简单的实验，看看这些痕迹多久会干掉、是否容易被抹掉等。我也发现痕迹是没有方向性的。如果我捡起一只蚂蚁，转几个圈，再把它放回去，它往往不知道现在走的方向跟刚刚不一样，直到它碰上另一只蚂蚁，它才晓得走错了方向。后来在巴西时，我碰到一些樵蚁（leaf-cutting ant，能将叶片咬下来的蚂蚁），于是做了同样的实验，发现它们在短距离内分得出自己是向着食物走抑或走离食物。我猜它们留下的痕迹藏有玄机，可能是一连串的气味系列：气味A、气味B、空档、气味A等等。

又有一次，我想让蚂蚁走圆圈，但我没足够耐心完成这个实验；我想这应该不难做到。

嗅着同伴气味回家

这些实验的困难之一是，我的呼吸会吓着蚂蚁。这一定是从远古时候，为了逃避某些喜欢吃它们或骚扰它们的天敌，而遗留下来的本能反应。我不确定是由于呼吸的温暖、湿度还是气味干扰了它们；总之在运送蚂蚁时，我得暂时停止呼吸，偏过头去，以免把它们搞糊涂或吓坏了。

我很想弄明白的一件事是，为什么蚂蚁的痕迹都那么直、那么好看。它们看来很清楚自己的目的，好像很有几何概念似的；但从我的实验结果看来，它们谈不上有任何几何概念。

多年以后，我在加州理工学院教书，住在阿拉米达街上的一幢小房子内。有一天，浴盆周围有一些蚂蚁在爬。我跟自己说："这个机会太难得了。"我在浴盆的另一头放了些糖，坐在旁边看了一下午，终于等到有一只蚂蚁找到了糖。这部分不难，有耐性就行了。

一旦蚂蚁发现到糖的所在，我就拿起准备已久的彩色笔跟在它的后头

🔺 切叶蚁用嚼碎的叶子混合唾液种植真菌作为食物

画，这样便可知道它的痕迹是什么形状。根据以前做过的实验，我早已知道，蚂蚁是不会受到铅笔痕迹影响的，它们毫不停顿就走过去；因此我那样做不会影响到实验的可靠度。不过，由于这只蚂蚁在回家途中好像有点迷路，因此画出来的线有点曲曲折折，不像一般的蚂蚁痕迹。

当下一只蚂蚁找到糖，开始往回走时，我用另一种颜色来描下它走过的路径。值得一提的是，第二只蚂蚁跟随第一只蚂蚁的回路走，而不是沿着自己来的路回去。我的想法是，当某只蚂蚁找到食物时，它所留下的痕迹要比平常闲逛时，所留下的强烈得多。

△ 蚂蚁吸食蚜虫分泌的蜜露

　　这第二只蚂蚁走得很急，大致沿着原来的痕迹走。不过由于痕迹歪歪曲曲，而它又走得太快了，因此经常"滑"出痕迹之外。但当它到周围乱闯时，常常又找到正确的痕迹。总之，第二只蚂蚁走回家的路线，比第一只蚂蚁走的路线直得多。随着一只只匆忙又大意的蚂蚁走过这条通道之后，痕迹得到了"改进"，愈来愈直了。

　　用铅笔跟踪了八到十只蚂蚁之后，痕迹已变成直直的一条线了。这跟画画有点像：首先你随便画一条线；然后沿着它再画几次，一会儿就画出一条直线了。

　　我记得小时候，父亲告诉过我，蚂蚁是多么奇妙、多么合群的生物。我也常常仔细观察三四只蚂蚁，如何合力把一小块巧克力搬回巢里。有趣的是，第一眼看来它们确实是效率奇高、合作得很好的小家伙。但如果仔细看，你会发现完全不是那么一回事。从它们的动作来看，巧克力好像是被什么神奇力量举起来似的，它们各自从不同的方向乱拉，而在搬运途中，其中一只蚂蚁可能还会爬到巧克力上。巧克力不断摇摇晃晃、左右移动，没有共同方向——巧克力并不是平顺快速地运抵蚁巢的。

巴西的樵蚁在某些方面很"优秀"，但它们也有些很有趣的笨习性。事实上，我很惊讶在进化过程里，这些习性还被保留下来。樵蚁要费很大力气，才在叶片上切割出一条圆弧，拿下一小片树叶。可是当它辛苦切割完毕之后，却有50%的可能性会拉错地方，使得叶片掉到地上，而不得不重新开始割另一片叶。有趣的是，它们从来不会去捡那些已经被咬下来的叶片。因此很明显，樵蚁在这方面并不怎么精明。

保卫食物柜

在普林斯顿时，蚂蚁还发现了我的食物柜，找到我的果酱、面包及其他食品。食品柜离开窗户有一段距离，于是经常有那么一长串的蚂蚁雄兵，在房间地板上横行，向我的食物进攻。这正好发生在我进行各种蚂蚁实验的期间，因此我想：有没有什么方法阻止它们侵袭我的食品柜？当然，我不是指用毒药之类的方法，因为我们对蚂蚁也必须要人道点！

最后，我采用的方法是：首先，我在离它们进入室内入口处8英寸左右的地方，放了一些糖，但它们并不晓得这些糖的存在。然后，再度使用我的搬运技术——每当有带着食物的蚂蚁跑到我的运送器上时，我就把它带到糖那

🔺 蚂蚁琥珀

里去。向食物柜前进的蚂蚁，如果爬到运送器上，我也把它捡起来送到有糖的地方。

慢慢地，蚂蚁找到了一条从放糖地方走回蚁穴的路，路上的痕迹愈来愈强；而原先通到食物柜的通路，就愈来愈少蚂蚁在用了。我很清楚，再过半小时左右，旧路上的痕迹就会全部干掉；再过一个小时，它们便不会再碰我的食物了。好玩的是，我连地板都不必擦。事实上，我只不过把蚂蚁运来运去而已！

阅读提示

选自《别闹了，费曼先生》（"费恩曼"原译为"费曼"），吴程远译，三联书店1997年版。

如果说一些生物学家、动物学家还在其科学研究中保留了不多的博物学传统，那么，在美国著名物理学家、诺贝尔物理学奖获得者费恩曼的日常生活中，其纯真的热爱和观察自然的天性却是自然地体现出来的。体现出科学思维的机智的几个有关蚂蚁这种人们司空见惯的小昆虫的观察与"实验"，让我们再次体会到博物情怀的意义。